阅读中华国粹 傅璇琮／主编

雕版印刷

雕版印刷用于文字大量复制，是我国古代应用最早、使用时间最长的印刷术，具有极为重要的意义。可以说没有雕版印刷，我国的古代文明便不会如此辉煌灿烂。

崔雁南／编著

泰山出版社

图书在版编目（CIP）数据

雕版印刷 / 崔雁南编著 . — 济南：泰山出版社 ,2012.11（2017.2 重印）

ISBN 978-7-5519-0077-5

Ⅰ . ①雕… Ⅱ . ①崔… Ⅲ . ①木版水印—印刷史—中国—青年读物②木版水印—印刷史—中国—少年读物 Ⅳ . ① TS872-092

中国版本图书馆 CIP 数据核字（2012）第 019067 号

编　　著　崔雁南
责任编辑　葛玉莹
装帧设计　林静文化

雕版印刷

出　　版　泰山出版社
社　　址　济南市马鞍山路 58 号 8 号楼　　邮编　250002
电　　话　总编室（0531）82023579
　　　　　市场营销部（0531）82025510　82020455
网　　址　www.tscbs.com
电子信箱　tscbs@sohu.com
发　　行　新华书店经销
印　　刷　北京飞达印刷有限责任公司
规　　格　710×1000 mm　16 开
印　　张　11
字　　数　144 千字
版　　次　2017 年 2 月第 2 版
印　　次　2017 年 2 月第 1 次印刷
标准书号　ISBN 978-7-5519-0077-5
定　　价　28.00 元

《阅读中华国粹》编委会

序

傅璇琮

2001年，泰山出版社编纂、出版一部千万言的大书：《中华名人轶事》。当时我应邀撰一序言，认为这部书"为我们提供了开发我国丰富史学资源的经验，使学术资料性与普及可读性很好地结合起来，也可以说是新世纪初对传统文化现代化的一次有意义的探讨"。我觉得，这也可以用来评估这部《阅读中华国粹》，作充分肯定。且这部《阅读中华国粹》，种数100种，字数近2000万字，不仅数量已超过《中华名人轶事》，且囊括古今，泛揽百科，不仅有相当的学术资料含量，而且有吸引人的艺术创作风味，确可以说是我们中华传统文化即国粹的经典之作。

国粹者，民族文化之精髓也。

中华民族在漫长的发展历程中，依靠勤劳的素质和智慧的力量，创造了灿烂的文化，从文学到艺术，从技艺到科学，创造出数不尽的文明成果。国粹具有鲜明的民族特色，显示出中华民族独特的艺术渊源以及技艺发展轨迹，这些都是民族智慧的结晶。

梁启超在1902年写给黄遵宪的信中就直接使用了"国粹"这一概念，其观点在于"养成国民，当以保存国粹为主义，当取旧学磨洗而光大之。"当时国粹派的代表人物黄节在写于1902年的《国粹保存主义》一文中写道："夫国粹者，国家特别之精神也。"章太炎1906年在《东京留学生欢迎会演说辞》里，也提出了"用国粹激动种性"的问题。

1905年《国粹学报》在上海的创刊第一次将"国粹"的概念带入了大众的视野。当时国粹派的主要代表人物有章太炎、刘师培、邓实、黄节、陈去病、黄侃、马叙伦等。为应对西方文化输入的影响，他们高扬起"国学"旗帜："不自主其国，而奴隶于人之国，谓之国奴；不自主其学，而奴隶于人之学，谓之学奴。奴于外族之专制谓之国奴，奴于东西之学，亦何得而非奴也。同人痛国之不立而学之日亡，于是瞻天与火，类族辨物，创为《国粹学报》，以告海内。"（章太炎：《国粹学报发刊词》）

经历了一个多世纪的艰难跋涉，中华民族经历着一次伟大的历史复兴，中国崛起于世界之林，随着经济的发展强大，文化的影响力日益凸显。

20世纪，特别是80年代以来，国学已是社会和学界关注的热学。特别是当前新世纪，我们社会主义经济、文化更有大的发展，我们就更有需要全面梳理中国传统文化的精华，加以宣扬和传播，以便广大读者，特别是青少年，予以重新认知和用心守护。

因此，这套图书的出版恰逢其时。

我觉得，这套书有四大特色：

第一，这套书是在当下信息时代的大背景下，立足中国传统文化经典，重视学术资料性，约请各领域专家学者撰稿，以图文并茂的形式，煌煌百种全面系统阐释中华国粹。同时，每一种书都有深入探索，在"历史——文化"的综合视野下，又对各时代人们的生活情趣和心理境界作具体探讨。它既是一部记录中华国粹经典、普及中华文明的读物，又是一部兼具严肃性和权威性的中华文化典藏之作，可以说是学术性与普及性结合。这当能使我们现代年轻一代，认识中华文化之博大精深，感受中华国粹之独特魅力，进而弘扬中华文化，激发爱国主义热情。

第二，注意对文化作历史性的线索梳理，探索不同时代特色和社会风貌，又沟通古今，着重联系现实，吸收当代社会科学与自然科学的新鲜知识，形成更为独到的研究视野与观念。其中不少书，历史记述，多从先秦两汉开始，直至20世纪，这确为古为今用提供值得思索的文本，可以说是通过对各项国粹的历史发展脉络的梳理总结规律，并提出很多建设性的意见和发展策略。

第三，既有历史发展梳理，又注意地域文化探索。这套书，好多种都具体描述地方特色，如《木雕》一书，既统述木雕艺术的发展历程（自商周至明清），又分列江浙地区、闽台地区、广东地区，及徽州、湘南、山东曲阜、云南剑川，以及少数民族的木雕艺术特色。又如《饮食文化》，分述中国八大菜系，即鲁菜、川菜、粤菜、闽菜、苏菜、浙菜、湘菜、徽菜。记述中注意与社会风尚、民间习俗相结合，确能引起人们的乡思之情。中华民族的文化是一个整体，但它是由许多各具特色的地区文化所组成和融汇而成。不同地区的文化各具不同的色彩，这就使得我们整个中华文化多姿多彩。展示地区文化的特点，无疑将把我们的文化史研究引向深入。同时，不少书还探讨好几种国粹品种对国外的影响，这也很值得注意。中华文明在国外的传播与影响，已经形成一种异彩纷呈，底蕴丰富的文化形象，现在这套书所述，对中外文化交流提供十分吸引人的佳例。

第四，这套书，每一本都配有图，可以说是图文并茂，极有吸引力。同时文字流畅，饶有情趣，特别是在品赏山水、田园，及领略各种戏曲、说唱等艺术品种时，真是"使笔如画"，使读者徜徉了美不胜收的艺术境地，阅读者当会一身轻松，得到知识增进、审美真切的愉悦。

时代呼唤文化，文化凝聚力量。中共中央十七届六中全会进一步提出社会主义文化大繁荣大发展的建设。我们当遵照十七届六中全会决议精神，大力弘扬中华优秀传统文化，大力发扬社会主义先进文化。文化越来越成为民族凝聚力和创造力的重要源泉，我们希望这套国粹经典阐释，不仅促进青少年阅读，同时还能服务于当前文化的开启奋进新程，铸就辉煌前景。

2011年10月

目　录

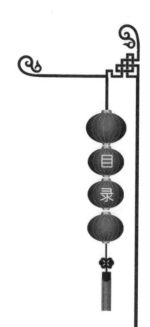

第三章　雕版印刷发展史

第二章 印刷术出现前的世界

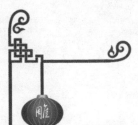

第一节 汉字的发展

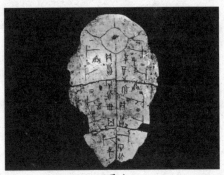

甲骨文

甲骨文

文字是记录和传播语言信息的符号。在远古世界，埃及有圣书文字，古巴比伦有楔形文字，古印度有哈拉巴铭文，中国则有

甲骨文

甲骨文，这四种古文字，都代表了人类早期的伟大文明，也是这四个古国成为"四大文明古国"的重要因素。文字的发展是书籍产生的先决条件，中国文字的发展也经过了一个长期的过程。

在殷商时代，每逢重要的事情，如祭祀祖先、征伐狩猎等，国王都要占卜，求问吉凶。占卜用的材料是龟甲或者兽骨，方法是在上面凿一些不透的穴，然后在火上烧灼，根据甲骨上显现的裂纹来判断吉凶。"卜"这个字，

甲骨文

甲骨文

畋猎、农业和畜牧业等许多方面的资料，是珍贵的历史资料宝库。甲骨文是汉字最早且较定型的形态，构造已经相当完备，是我国真正有系统的文字的开始。

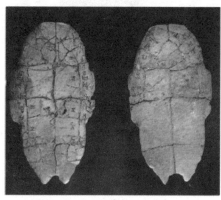

甲骨文

就是表示裂纹形状的象形文字。最后，在甲骨上裂纹的旁边刻上占卜的信息，包括时间、事件、占卜的结果等等。等到事情发生或结束以后，还要把事情是否应验了占卜结果也刻上。这些刻在甲骨上的记录，被称做"卜辞"，而这些文字，则被称为"甲骨文"。

清代光绪末年，在河南安阳首先发现了大量的甲骨，时至今日，国内外一共发现了大约15万片甲骨，不仅数量大，内容也非常丰富，包括了帝王世系、纪年、祭祀、战争、天文、地理、气象、

金文

金文又叫做"钟鼎文"，我国在秦代之前，把铜称为金，"金文"指的就是铸或者刻在青铜器或者金银器、铁器上的文字。青

金文

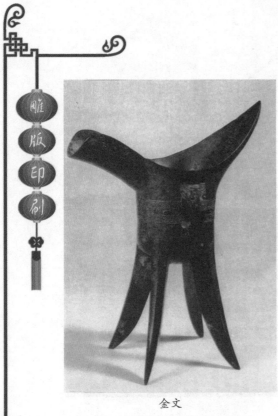

金文

铜器时代主要是指商、周、秦、汉，其中周代最多。周代的青铜器形制多种多样，有鼎、鬲、簋、敦、盘等祭祀用的礼器，也有钟、铎、鼓、钅享等宴飨用的乐器，还有一些兵器、农器、日常用具和钱币、度量衡等，是我国历史上青铜器

金文

发展的高峰。随着殷商的灭亡，甲骨文也逐渐退出了历史舞台，金文取代了甲骨文，成为周代文字的主流。迄今为止所发现的周代金文约有 3000 多字，可以识读

金文

的大约有 1800 多字。

　　金文自身也经过了一个发展过程，周初的金文继承了甲骨文的风格，字形也与甲骨文基本一致。直到成王时代，金文才确定了它独特的风格，书体雄浑典丽，

金文

到了昭王、穆王之后，则变为严谨端正，西周是金文的黄金时代。著名的"毛公鼎"、"大盂鼎"等就是这个时代的代表。周平王东迁以后，因为列国割据，金文也形成了不同的地域特色。

小篆

春秋战国时代，列国割据，秦地处于周代故地，秦文字也与周文字一脉相承，而东方的六国则发生了不同程度的变异。秦统

小篆

小篆

一六国之后，"一法度衡石丈尺，车同轨，书同文字"，所谓的"书同文字"，指的就是制定规范文字的工作。具体来说，就是简化西周以来的字形，再以结构简练的秦文字为标准字形，淘汰其余地区的文字。这种定型的文字就是小篆，因为是秦代确定的，又被称做"秦篆"。"泰山石刻"是它的代表。

小篆是中国文字发展的重要阶段，从小篆开始，汉字在轮廓、

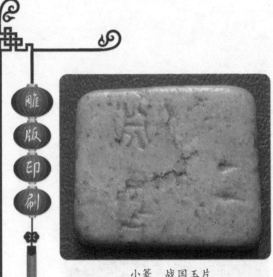

小篆 战国玉片

国历史上第一次运用行政手段大规模对文字进行规范，是中国第一次系统地将文字的书体标准化。秦王朝通过统一文字，不但基本上取消了各地文字异行的现象，也使古文字异体众多的情况有了很大的改变。

隶书

隶书也叫"隶字"、"佐书"，产生于秦代，在东汉时期达到顶

笔画、结构等诸多方面逐渐定型，文字的象形意味减弱，而符号化程度加深了，减少了书写和阅读上的混淆和困难，同时这也是我

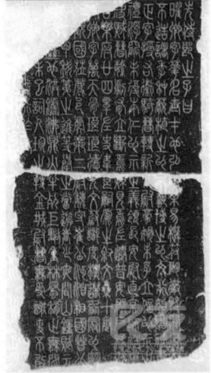

小篆

隶书 曹全碑

隶书 史晨碑

峰。隶书是由小篆演化而来的，它将小篆字形加以简化，又把小篆圆转的线条变成方折的笔画，

隶书 西狭颂

书写更方便。秦始皇在命令李斯创立小篆后，相传也采纳了程邈整理的隶书作为小篆的补充，但是"秦隶"仍带有许多篆书的特点。

隶书 礼器碑

西汉初期也沿用秦隶的风格，从王莽新朝开始，隶书产生了重大的变化。到了东汉，隶书已经衍生出众多风格，并留下了大量的石刻。比如《张迁碑》、《曹全碑》以及《熹平石经》等，都是这一时期的代表作。

相比于小篆，隶书的结体扁

平工整，横画长而直画短，更加适应书写和刊刻便捷的需求。隶书的出现，是今文与古文的分水岭，是汉字发展史上的一次重大变革。从隶书开始，汉字进一步打破了周秦以来的书写传统，脱离了象形意味和符号的绘画特点，并由此奠定了楷书的基础。

楷书

隶书成为通行字体之后，又出现了一种书写更随意简便的草书，称为"章草"。后来东汉的刘德升又创制了行书。这些都属于隶书的简便体，是作为非正式的日常字体来使用的。这反应出人们希望有一种书写更加简便的字体，于是楷书产生了。楷书在

楷书 柳公权玄秘塔碑

字形结构方面与隶书差不多，但楷书将隶书笔画的写法改变了，并且字形也由隶书的扁形改为方形，即所谓的"方块字"。

今天我们所知道的最早的楷书书法家，是东汉末年的钟繇，《宣示表》是他的代表作。钟繇所代表的楷书奠定了汉字的基本形体。在经历魏晋南北朝时期的一些变化后，楷书到了隋唐时代基本定型。唐代是书法艺术的黄金时代，出现了欧阳询、颜真卿、柳公权等著名的书法家，达到了

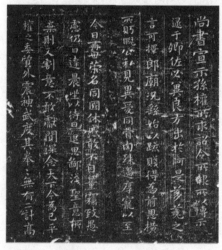

楷书 钟繇《宣示表》

楷书 赵孟頫楷书《杭州福神观记》

楷书艺术的高峰。楷书对于雕版印刷的意义重大，汉字进入楷书阶段后，字形还在继续简化，但字体已经没有太大的变化了。楷书的定型说明汉字已经演变为笔画省简规范、易于刻版印刷的字体。这些著名书法家的字体，也成为不同时代和地区雕版印刷的规范字体。

第二节　印刷术出现以前的书籍

如果把"书籍"的概念扩大到将人类的经验用文字和图像记载于一定的载体上，用以保存和传播信息，那么甲骨卜辞和金文，也可以算做最早的书籍，而春秋战国开始出现的石刻，也算是书籍的一种形式。特别是汉代开始出现的《石经》，雕刻了整部的儒家经典著作，对后世的雕版印刷也产生了深远的影响。但是，这些毕竟与狭义的书籍概念相差较远。更加接近于今天的书籍形式，并对书籍形式产生了重要影响的，是简牍和帛书。

简牍

"简牍"指的是两种载体不同的书籍——简册和木牍，它们在形式和用途上都有所区别。

简分为竹简和木简。竹简是用一种薄皮长节的竹子，将竹筒按照一定长度锯开，再按一定宽度破开削平，成为长宽相同的许

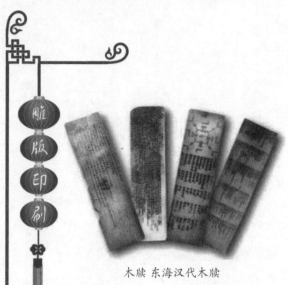

木牍 东海汉代木牍

多狭长简片。再在简片上穿上洞，用丝绳、麻绳或者细皮绳分上下两道将简片编连起来，就可以在竹简上书写或者刻字。因为竹子含水分较多，用来书写之前，必须经过一道烤干的程序，这道工序就叫做"杀青"。汉代刘向《别录》记载："杀青者，直治竹作简书之耳。新竹有汗，善朽蠹，凡作简者，皆于火上炙干之。"因此竹简也被称作"杀青简"或者"汗简"。经过"杀青"，烤干了竹简里的水分，不仅使得竹简易于书写，也易于保存，不易被虫蛀或者朽坏。木简的制作过程与竹简类似，有时更加简易，只需破板削平。史书记载孔子晚年喜欢读《易经》，以至于"韦编三绝"。韦指的是就是皮条，这句话就是

说，孔子常常读用皮条编连成的简册《易经》，以至于皮条多次被磨断。

甲骨文里的"册"字，就是象征把竹简（还有木简）编连成册的象形文字。《尚书》中记载："惟殷先人，有册有典。"《墨子》

木牍 敦煌马圈湾木牍

中也说："书之竹帛，传遗后世子孙。"可见竹木简这种书籍形式的起源很早，一直到公元3到4世纪，才被纸所取代。

简的长度不尽相同，汉代有1

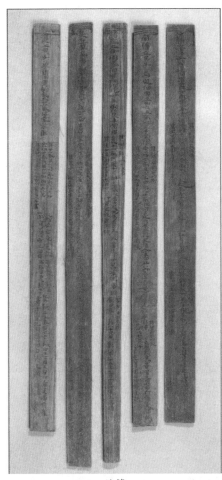

竹简

文所做的注解，六寸的小简常常用来当做"信符"，也就是通行证。当然，从出土的实物来看，竹木简的长度也并不是这么严格，常有变通。

"牍"是木片制作的，因此也称为"木牍"或"板牍"，是比竹简要宽的一种书写载体。竹简是一片上面只写一行文字，然后把许多竹简编连在一起成为完整的书籍；木牍则通常是以一片为单位，记载完整的文字较少的文章。木牍的一片也被称做"方"。《礼记》说："百名以上书于策，不及百名书于方。"意思就是，较长的文章就用策，也就是竹简来书写，而较短的文章则写于方，也就是牍上，比如大臣上奏，还有写信。《史记》当中记载的"至

尺2寸、2尺4寸、6寸、8寸等几种不同规格。根据史料记载，不同长度的简，它的用途也有区别。比如2尺4寸的长简常用来写儒家经典的正文，也用来写一些法律文书，小一些的1尺2寸的简，则常用来写给经典正

竹简

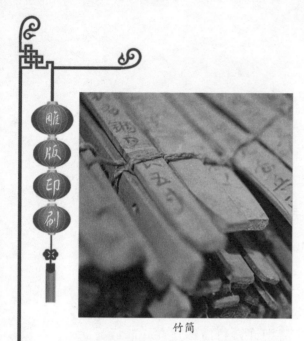

竹简

帛书

帛书指的是在丝织品上书写和绘画的书籍形式。我国的丝织技术历史悠久，甲骨文中已经有了"丝"字和"帛"字。除了作

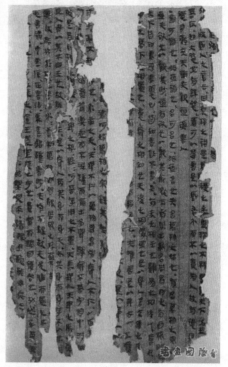

帛书

公车上书，凡用三千奏牍"指的就是这种板牍。而写信用的板牍通常较小，一般有大约 1 尺长，所以也叫"尺牍"，后来"尺牍"也就成了书信的代称。还有一种"椠"，也是指书写用的木板，形制应当与牍接近。

在简牍的时代，书写的工具除了笔，还要用到刀。毛笔在殷商时代已经产生，简牍就是用毛笔蘸着墨书写在上面的，因此古人也称之为"漆书"。如果写错了，就要用刀把错误的部分刮去重写。竹简和木牍的制作不易，因此古人有时还把废弃的简牍上的字全部用刀刮去，写上新的内容，可以说是重复利用。

为上层社会的衣料，丝织品也是书写的理想材料。帛书的出现也很早，《韩非子》说："先王寄理于竹帛。"《晏子春秋》也说："著之于帛，申之以策。"这说明春秋战国时代，缣帛已经是上层社会普遍的书写材料。秦到西

帛书 马王堆帛书《阴阳十一脉》

汉是帛书使用最多的时期，1973年长沙马王堆西汉墓出土了大量的帛书，有 10 余种，12 万多字，其中包括了很多重要的典籍，如

帛书 帛书画像

帛书 马王堆帛书彗星图

《易经》、《老子》、《战国策》等。

在纸发明之前，帛书是与简牍同时使用的。但是简牍取材较易，造价低廉，因此使用较为广泛，常用作一般书籍的书写。而缣帛

帛书 马王堆帛画局部

则因为稀有昂贵，不如简牍使用普遍，常用来书写重要的典籍或文书。

值得一提的是，在简牍和缣帛时代的书籍，根据使用材料的不同，它的单位也有不同的名称。用竹简书写的书籍，叫做"篇"，

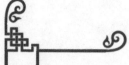
而用缣帛书写的书籍，叫做"卷"。这两个单位名称对于印刷术发明以后的纸质书籍，都产生了深远的影响。

纸张在东汉发明以后，并没有马上取代简帛的位置，而是经历了一段漫长的简帛与纸并用的时期。一直到东晋，纸张才最后取代了简帛，我国书籍的形态也由此进入了一个新的时代。

纸写本

纸张在西汉中期已经发明，但那时的纸质量还很粗糙，很难作为书写的材料。东汉和帝年间，蔡伦改进了造纸术，制造出了质量较好的纸，纸才渐渐开始作为

纸本《敦煌卷子摩尼教经》

书写的材料。但此时简帛仍然是书写的主流，纸的产量和质量仍然不高。但是，纸毕竟原料广泛，价格低廉，代表了书写载体的发展方向。

公元 3 世纪时西晋，左思作《三都赋》，名动天下，"豪贵之家竞相传写，洛阳为之纸贵"，这就是著名的"洛阳纸贵"的典故。"豪贵之家"也使用纸，可见在

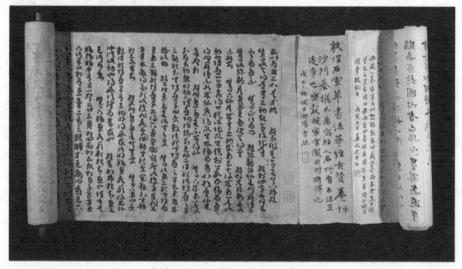

纸本《敦煌卷子法华玄赞》

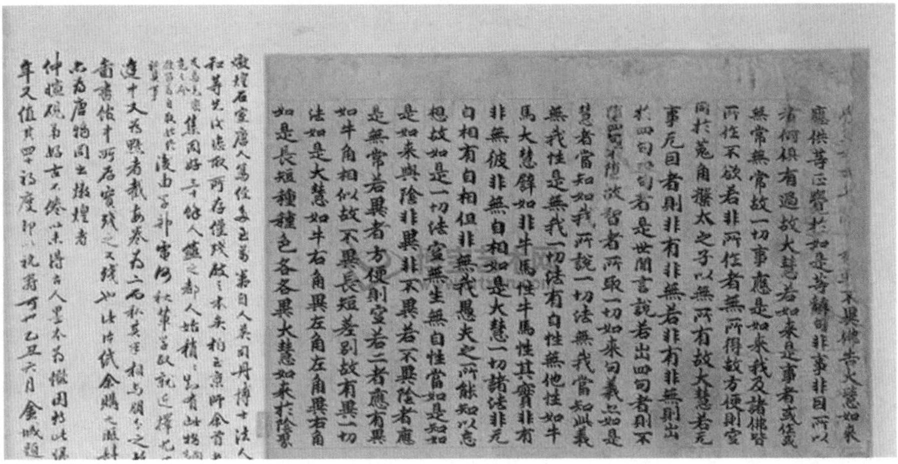

纸本 唐人写经

西晋时期，纸已普遍得到使用，而且已经不再被看做是低级的书写材料了。西晋文人傅咸写了一篇《纸赋》，描述纸是"廉方有则，体洁性真。含章蕴藻，实好斯文。取彼之弊，以为己新。揽之则舒，舍之则卷。可屈可伸，能幽能显"，极力描述了纸的优长，此时纸已经成为文人必不可少的书写材料了。东晋桓玄曾下令推广纸来代替简，这是最早的官方推广纸的记载。公元 4 世纪，纸已经完全

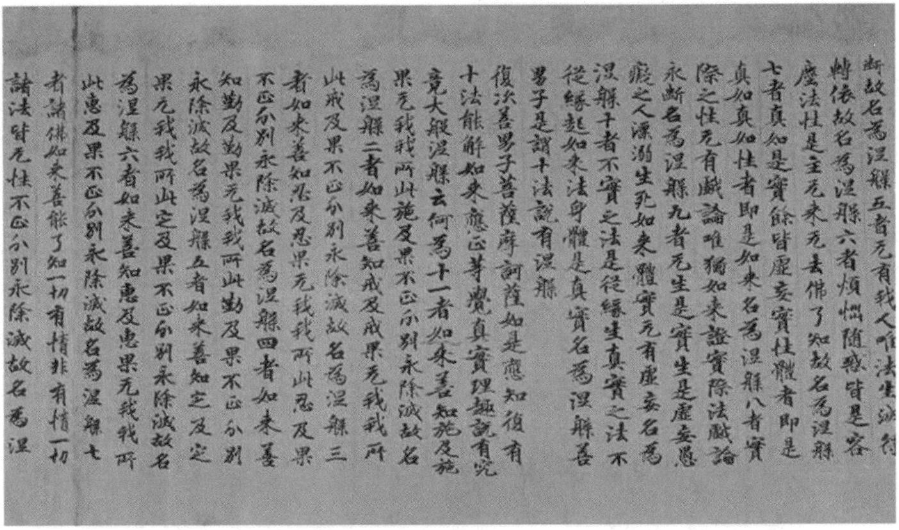

纸本 唐人写经残卷

纸本 唐人写经《兜沙经》

取代了简帛成为主流的书写材料。

随着造纸技术的不断进步，纸的使用日趋广泛，纸抄本的书籍也越来越多，最终成为印刷术发明之前最普遍的书籍形式。南北朝以后至唐代中期，是纸抄本书籍的全盛时期。古代纸抄本书籍最大最的发现当属敦煌文献，它的内容大多是佛经，也有部分儒家和道家经典，以及史书、诸子、韵书和诗赋等，是纸抄本书籍的宝库。

汉代以来，文化和学术不断发展，大量的著作不断涌现，纸抄本书籍渐渐不能满足社会的需要。此时纸和墨的生产技术已经达到了相当的高度，汉字的字形也已经进入了楷书的黄金时代，雕刻尤其是石刻风气盛行，在各种条件都已经准备充分的条件下，印刷术应运而生。

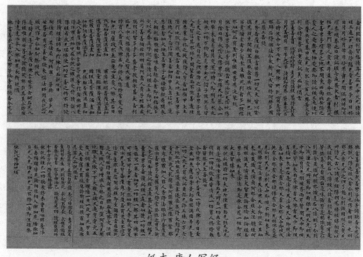

纸本 唐人写经

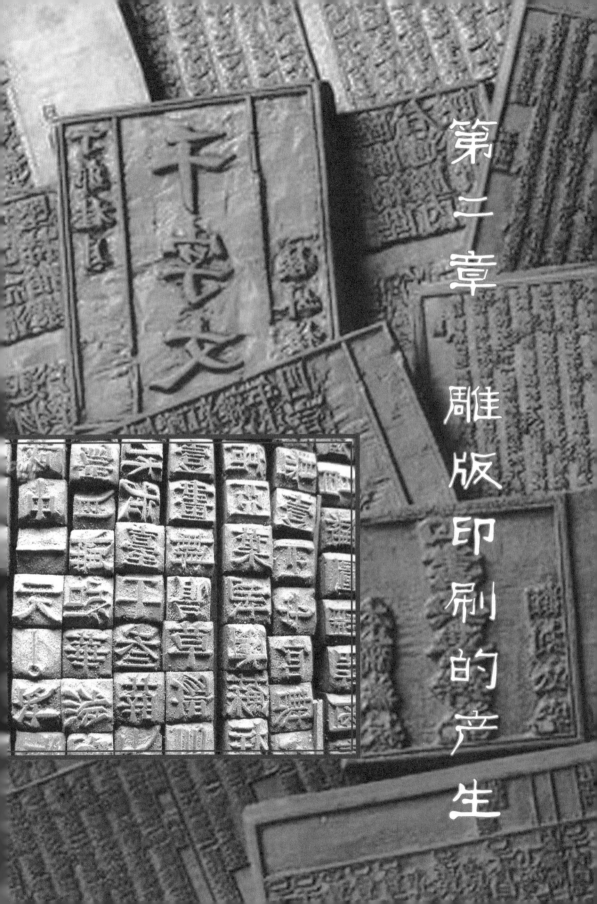

第二章　雕版印刷的产生

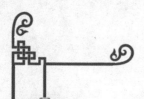

第一节 影响雕版印刷产生的因素

雕版印刷是我国古代应用最早,也是应用时间最长的印刷技术。所谓雕版印刷,就是将文字或图像雕刻在平整的木板上,在刻好的木板上刷上墨,再将纸覆盖在上面,将印版上的文字和图像完整清晰地印下来。雕版所用的平整的木板,有些类似简帛时代的木牍或椠,但书写在椠、牍上只能得到一份记录,而将木板

石鼓

刻字再印刷,却可以得到大量的副本,极大地满足了社会的需要,推动了社会文明的前进,这就是印刷术发明的重要意义。

开成石经

石鼓文拓本

石鼓文拓本

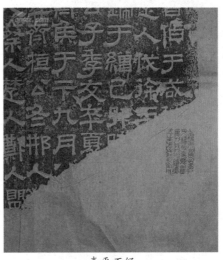

熹平石经

石鼓

现于秦国。现在流传下来的《石鼓文》，大约刻于春秋时的秦穆公时代，是在 10 个像鼓的圆形石碣上面，用接近小篆的籀文刻了 14 首诗。《史记》里面也曾记载，秦始皇东巡时，在峄山、泰山、琅琊、碣石、会稽、之罘刻石歌

雕版印刷的发明者是谁，没有文献记载，事实上不止是雕版印刷，我国"四大发明"中的指南针、造纸术和火药的发明者也难以说清，这一类的文明都是人民群众在长期的实践中探索出来的。那么，是什么导致了雕版印刷的产生呢？对于这个问题，前面我们已经介绍了雕版印刷产生的许多条件，其中有两个非常重要的因素，就是石刻文字和印章。

在石头上刻文字，可以说是我国古代的一种发明，它最早出

第二章

19

官颂德、纪事或者是墓碑文字。这些内容虽然已经是文章，但和书籍还没有直接关系，真正开始和书籍发生关系的，是东汉灵帝熹平年间在洛阳刊刻的石经。

正始石经

颂功德。西汉时，刻石的风气已经非常普遍，到了东汉初年，一种树立碑石的新风尚兴起，取代了之前的石碣形式。秦石鼓的内容多歌颂皇帝的功业，东汉碑刻的内容则大大扩展，包括为地方

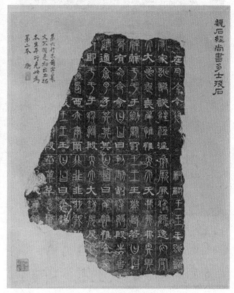

正始石经

汉武帝采纳董仲舒"罢黜百家，独尊儒术"的建议后，儒家典籍被奉为经典，设专门的博士官讲授，地位崇高。儒学既然被定为官学，就必须有一部标准本作为评定正误的依据。然而，由于学术争论的激烈和管理的腐败，皇家藏书楼里的标准本"兰台漆书"屡遭偷改。有鉴于此，蔡邕向汉灵帝提出校正经书、刊刻于

熹平石经

熹平石经

石的奏请。这次刊刻石经的目的是统一经籍的文字，也是刻于石碑上最早的官定儒家经本。所刻的经书有《周易》、《尚书》、《鲁诗》、《仪礼》、《春秋》和《公羊传》、《论语》，都是用当时通行的有波磔的隶书（或者叫"八分书"）书写的。

正始石经

熹平石经从某种意义上可以理解为印刷术发明前的一种图书编辑出版活动，无论在内容上还是在形式上都产生了巨大的影响。其中与雕版印刷联系最密切的，是它启发了传拓方法的发明。所谓的传拓，是用沾湿的纸蒙在石刻上，用拓包捶打，湿纸经过捶打之后，覆盖住字的部分随着石刻文字凹陷下去，然后在纸将干未干的时候，再用拓包蘸墨后一

正始石经

次一次在纸上捶打，有文字的地方因为凹陷下去，就沾不到墨，没有文字的地方则沾上了墨，最后将纸揭下来，就得到了一张黑纸白字的"拓片"，或者叫"拓本"。这种拓印石刻的方法现在还在使用。唐代编成的《隋书·经籍志》里，记载南北朝有熹平石经、正始石经的拓片，这说明南北朝

木牍信封形制

时代拓印技术已经通行，一套石经可以拓印许多个副本。捶拓技术可以说是雕版印刷术的先驱。

但是这种拓印石刻的方法仍旧比较麻烦，费时费力，效率不高，而且得到的拓片是黑底白字，也不适应阅读的要求。拓印是利用

开成石经拓片

石刻的凹进文字来印刷的，如果把它改为凸出来的文字，并且是反体字，那么只要在字上刷上一层墨，把纸蒙上去，纸上就印出了和抄写本书籍一样的白底黑字，既方便快捷，又适宜阅读。大约在战国时代，印章出现了。印章的上面就是铸或刻着反体的文字，有凸出的，也有凹进的，刻着姓名或者官衔，有金、玉、银等材质。在简牍通行的时代，书信也是用竹简或木牍来书写的，信写好之后，将两块竹木简文字相对用绳子扎紧，在扎结处涂上青泥，在青泥上打上印章，起到防止别人

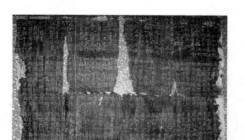
开成石经拓片

拆阅的作用。早期的印章上所刻的文字很少，到了汉代，出现了一种用于佩带、辟邪的大印，用桃木雕刻，长约3寸，宽约1寸，上面刻着34个字。晋代的道士则多刻一种枣木符，叫做"黄神越章之印"，上面刻着一百多个字。像这样面积较大、字数较多的木质刻字印章，就更加接近于雕版了。印章对雕版印刷最大的启发性，在于印章的反体阳文雕刻，它的原理已经与雕版印刷基本相同了。

第二节 雕版印刷的工艺及出现的时间

木板是雕版印刷的主体，纹理细密、质地均匀、便于加工并且来源较广的木材是雕版最理想的材料。比如枣木、梨木、梓木、黄杨木、银杏木、皂荚木等等。南北方由于水土气候不同，常用木材也不同。北方多选用梨木、枣木等，南方则多选用黄杨木和梓木等。枣木、黄杨木的质地较硬，

书版

多用来刻较精细的书版，而梨木、梓木等硬度较低的木材是刻版更常选用的材料。将木板劈削成形之后，还要对制成的板材进行浸泡或蒸煮，再在阴凉处晾干，最后刨光磨平，这样处理过的木板就可以长时间保存，不易开裂变形，能够反复使用，甚至可达数百年之久。

雕版的工艺过程分为写版、上版、刻版、校对和补修几个步骤。

写版也叫做写样，是请善于

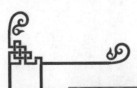

书版

书法的人将要刊刻的内容，按照一定的版式，写在一张较薄的白纸上，校对无误后，就可以上版了。上版就是将写好的版样，反贴在加工好的木板上，将写样上的文字转印固定在木板上。常用的方法是在木板表面涂一层很薄的浆糊，然后将版样反贴上去，用刷子轻轻地刷拭纸背，这样字迹就会转粘到木板上，等到浆糊干燥以后，再轻轻擦去纸背，并用刷子拂去多余的纸屑，再用一种芨芨草轻轻打磨，木板上的文字就清晰地保留下来了。

上版后木板上已经保留了需要刊刻的反字，这时就可以刻板了，这是雕版印刷的关键工序。

书版

书版

刻板就是将板面上的空白部分剔去，保留文字和其他需要印刷的部分，最后形成文字凸出的反体印版。刻版的方法和刻印章有所不同，印章是一个字一个字地刻，而刻书版则是先用平口刀把整个版面上的直线和横线分别刻划一遍，然后再逐个字刻划加工，叫做"发刀"。发刀完毕后是"挑刀"，就是依照发刀刻划出的字的轮廓，把字两侧的木头剜去，这样字就在木板上突出来了。最后再剔掉板上笔画间的木屑，书版就刻好了。

接下来就是刷印的程序。刷印的工具有用棕编扎的帚，用碎棕裹棕皮再扎紧的擦，还有调制好印刷用的墨。印刷时，先用棕帚蘸墨在书版上刷一遍，使书板上凸起的字都均匀地沾到一层墨，再将一张纸覆盖在书版上，用棕

刻刀

刻板

刷轻轻在纸背上拂拭，用力必须均匀，就得到一页墨色均匀、字迹清晰的印品。

雕版印刷的发明者难以考证，它的发明时间也一直是个存在争议的问题。其中有东汉、魏晋、南北朝、隋代、唐代、五代等几

刻板

种说法。雕版印刷产生于隋代以前的几种说法，已经基本被否定了。现存比较可靠的记载说明，825年到883年，也就是中唐穆宗到晚唐僖宗这半个世纪里，已经出现了早期的雕版印刷。

如唐代的元稹在他的《白氏长庆集序》中说，白居易的诗歌在当时十分受喜爱，当时的人把他的诗"缮写模勒，炫卖于市井"，这里的"缮写"就是指的传抄，

刻板

而"模勒"指的就是刻印。这篇序作于唐代长庆四年冬，也就是825年，这说明当时民间已经用雕版来印刷流行的诗篇，不过还不是整部的书籍。又如《旧唐书·文宗纪》和《册府元龟》中记载，因为剑南道、淮南道等地方民间总是在朝廷正式颁布历法之前就私自印卖新年的新日历，因此在

宣纸印刷

大和九年十二月，东川节度使冯宿上奏朝廷，请求禁止民间私印历书。大和九年是835年，这说明当时民间刻印历书已经非常普遍。还有唐代的司空图在《为东都敬爱寺讲律僧惠确化募雕刻律疏》中，提到唐武宗会昌五年，下令毁天下佛寺，勒令僧尼还俗，经过这次打击，"印本渐虞散失，欲更雕镂"，佛经的许多印本都散失了，需要重新雕版。会昌五年是公元845年，这说明在这之

台案

前，已经有许多雕版印刷的佛教典籍等等。

这些记载都说明，9世纪上半期雕版印刷已经运用得相当普遍，但并不能说刚刚出现，雕版印刷开始出现应该比这个时间更早一些。只是这个时期的雕版印刷品还仅限于民间日用的历书、字书、佛道等宗教诵读用书等，即使有一部分诗歌，也是时下流

印刷

行适合大众口味的个别篇章，正式的儒家经典、史书和完整的诗文集都还没有用雕版印刷。这也正是一种新兴事物刚刚出现时候的正常表现。唐咸通九年（即公元868年）王玠为二亲敬造普施的《金刚经》，是现存最早的标有年代的雕版印刷品。它由七张纸粘成一卷，全长488厘米，每

工具

张纸高 76.3 厘米，宽 30.5 厘米。卷子前边有一幅题为《祇树给孤独园》的图画，内容是释迦牟尼在祇园精舍向长老须菩提说法的故事。卷末刻印有"咸通九年四月十五日王玠为二亲敬造普施"的题字。经卷首尾完整，图文浑朴凝重，刻画精美，文字古拙遒劲，刀法纯熟，墨色均匀，印刷清晰，表明这是一份印刷技术已臻成熟的作品，已不是印刷术初期的产物。1907 年英国人斯坦因第一次来到敦煌即将其掠去，至今收藏在英国伦敦大英博物馆。

第三节　雕版印刷对书籍装帧形式的影响

书籍的装帧形式取决于书籍本身的形式，随着各个历史时期书籍的材料和形制的发展，装帧形态也随之演变。

一、简册装

在简牍时代，书籍是写在一根一根的竹木简上的，每一根简上仅能容纳一行文字，要将这些零散的简文编连成一篇完整的文章，就要在这些简上穿上孔眼，再用绳连结起来，就形成了书籍，叫做"册"。"册"这个字的字形，

简册装

就象征着用绳将简编连起来的样子。编连竹木简的绳有丝绳和皮绳两种，用丝绳编的叫做"丝编"，用皮绳编的叫做"韦编"。前面说到孔子晚年喜欢读《易》，"韦编三绝"，指的就是这种装订方式，称做简册装。

简册装的书籍前面通常会留两根空白的简，一般会在它的背面写书名或篇名，当以最后一根简为轴，将"册"卷成一束时，书名或篇名就露在了外面。它不仅标明了书名，还能起到保护内部简文的作用，就像这部书的封面一样。

简册是中国最早的书籍装订形式，它起自商周，迄于东晋，应用时间很久，对后世书籍装订形式的演变有深远的影响。随着纸的应用和纸本书的通行，简册书籍逐渐为纸本书所代替，这种装订方法也随之消失了。

二、卷轴装

卷轴装这种装订形式是装帧形式中应用时间最久的，它大约始于周，盛行于纸质书籍初期的隋唐，并且一直沿用至今。所谓"卷轴装"，就是在一长卷文章的末端，设一根比幅面宽度长出一些的轴作为轴心，将书卷向前翻卷在轴

包背装

上，外观类似于简册卷成一束的装帧形式，可以看做是对简册装的继承。卷轴装的卷首一般都粘有一张质地坚韧而不写字的纸或丝织品，叫做"缥"、"玉池"，或俗称"包头"。缥头再系上丝带，用来把卷子捆起来。阅读的时候将系扎的丝带解开，打开长

卷，随着阅读进度逐渐舒展，阅读完之后，再将书卷从轴处卷起来，重新用卷首的丝带捆系起来。轴的一端通常还会系上写有书名、卷次的小牌子，叫做"签"。

卷轴装的轴、带、帙、签等各个部分，所用的材料和颜色的不同，是古代图书分类的重要方法。隋炀帝时的嘉则殿藏书，就以轴所用材料的贵贱来区别书籍的价值：上品书用红琉璃轴，中品书用绀（稍微带红的黑色）琉璃轴，下品书则用漆木轴。唐玄宗时，曾用轴、带、帙、签的颜色来区分经、史、子、集4个部类的书，以钿白牙轴、黄带、红牙签为经部；以钿青牙轴、缥带、绿牙签为史部；以雕紫檀轴、紫带、碧牙签为子部；以绿牙轴、朱带、白牙签为集部。

20世纪初敦煌莫高窟藏经洞发现了大批遗书，其中主要是写本佛经，

包背装古籍书

总计大约 4 万多件。这批敦煌遗书产生的时代，大约是南北朝到五代的 500 多年的历史跨度内，正是手写纸书的高峰期。这些卷子，有的就是简单的一卷，有的还保存着木轴，证明唐五代及唐五代以前，纸书的确普遍流行卷轴装。

三、旋风装

"旋风装"也叫"旋风叶"或者"龙鳞装"，类似卷轴装而又有不同的装帧形式。卷轴装虽然阅读和携带都已比简册装便利很多，但是一卷书容纳的内容毕竟有限，如果遇到篇幅很大的书籍，就需要数量很大的卷子，翻检不便。旋风装相对于卷轴装，容量要增大许多。它的装帧方式，是以一幅比书叶略宽略厚的长条纸作底，而后将单面书字的首叶全幅粘于底纸右端。其余书叶因均系双面书字，故以每叶右边无字之空条处粘一纸条，逐叶向左鳞次相错地粘在每叶之外的底纸

知识小百科：

雌黄：当时的纸张为了防止虫蛀，通常要"染潢"，即用黄檗汁染过，使纸呈现微黄色，《齐民要术》对于"染潢"的方法有记载，因此卷子又常被称为"黄卷"。《抱朴子·疾谬》中的"吟咏而向枯简，匍匐以守黄卷"，陆游《客愁》诗"苍颜白发入衰境，黄卷青灯空苦心"，就是用"黄卷"来指书籍。染潢可以染整张纸来防虫，另外，可以在写错了的时候用来涂改遮盖错字然后重写的颜料叫做"雌黄"，即鸡冠石，是一种黄色的矿石。"信口雌黄"，即用来形容随口乱说，不顾事实。

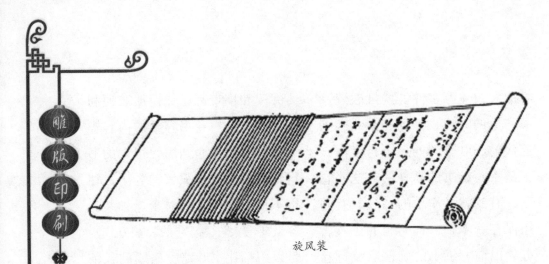

旋风装

上。由于每叶都是粘在上一叶的底下，故右边粘连处看不出相错的粘连缝痕，而左边则形成上叶压下叶的错落相积的状况。收藏时，与卷轴装卷向相反，是从首向尾卷起。从外表看，仍是卷轴装，但内部书叶却逐次朝一个方向卷旋转起，宛如自然界的旋风，故古人称它为"旋风叶子"或"旋风叶卷子"。因其书叶鳞次栉比，貌似龙鳞，因此又称为"龙鳞装"。打开来翻阅时，除首叶因全幅粘裱于底纸上不能翻动外，其余书叶均能和阅览现代书籍一样逐叶随意翻览。这种装帧形式既保留了卷轴装的外壳，又解决了翻检不方便的矛盾，是对卷轴装的一种改进。现存故宫博物院的唐朝吴彩鸾手写的《唐韵》，为我们展现了这种古老的装订形式。

放在插架上的旋风装书籍，外观上与卷轴装是完全一样的。它与卷轴装的区别，只有在展卷阅读时才得以看到。旋风装是由卷轴装演化而来，它是中国书籍由卷轴装向册页装发展的早期过

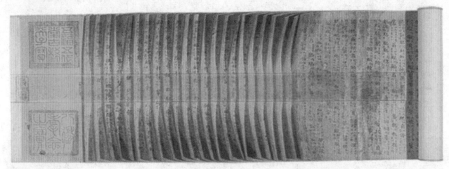

旋风装唐吴彩鸾手写《唐韵》

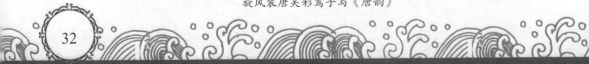

渡形式。

四、经折装

经折装是在卷轴装的基础上改造而来的。随着社会发展和人们对阅读书籍的需求增多，卷轴装的许多弊端逐步暴露出来。比如想要阅读卷轴装书籍的中后部分时，也必须要从头打开，看完后还要再卷起来，十分麻烦。经折装的装帧方式，是将一幅长卷沿着文字版面的间隔，一反一正的折叠起来，形成长方形的一叠，在首末两页上分别粘贴硬纸板或木板。这样既大大方便了阅读，也便于存藏。这种装订形式已完全脱离了卷轴，从外形上看，它已经近似于后来的册页书籍，是卷轴装向册页装过渡的中间形式。

据说这种装帧形式始于唐末五代，可能是受印度"贝叶经"的影响而产生的。经折装大多是佛教经典采用的装帧方式。现在已知的古代经折装，有敦煌石室出土的唐代《入楞伽经疏》，五代天福本《金刚经》，宋代佛典《崇宁万寿大藏》、《毗卢藏》、《碛

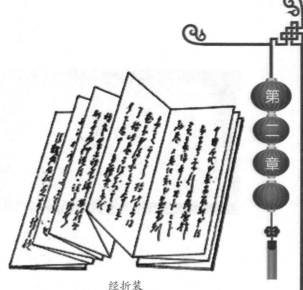

经折装

砂藏》、《思溪藏》等多种。经折装这种装订形式现在仍被采用。如现在仍在流传的、为数不多的裱本字帖，以及一些新的佛教印刷品，还采用这种形式。

五、蝴蝶装

"蝴蝶装"简称"蝶装"，又叫"粘页"，是由经折装演化而来。经折装书籍经过长期翻阅，折缝处常常断裂，断裂之后就出

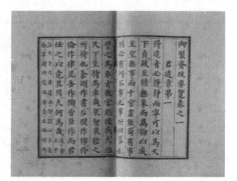

蝴蝶装

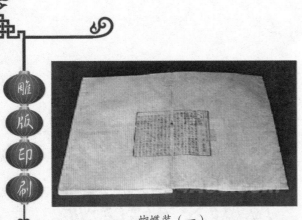

蝴蝶装（一）

现了一版一页的情况，还是不易保存。唐末雕版印刷的逐渐发展，也要求有新的装订形式与之适应，而最先出现的册页装帧形式就是蝴蝶装。

蝴蝶装的方法是将印有文字的纸，以中缝为准，面朝里对折，再把所有页码对齐，用糨糊粘贴在另一包背纸上，然后裁齐成书。这样装订起来的书籍翻阅起来就

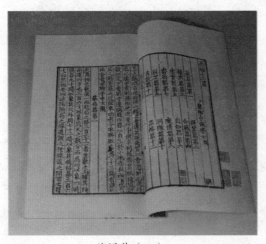

蝴蝶装（三）

像蝴蝶飞舞的翅膀，因此称为"蝴蝶装"。

蝴蝶装这种装帧方式有优点也有缺点。它的优点一是便于在一版之内刊刻整幅图画，二是因为有文字的部分在中心，四边纸张是空白的，即使被虫鼠蛀咬也不易伤损文字，其他三面如有损伤或霉湿，可以随

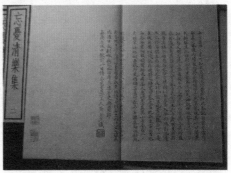

蝴蝶装（二）

时裁切，原书内容不会受损。并且因为插架时是书口向下，书背向上的，灰尘也不容易进入书内，这些都有利于保护书籍。这种装帧形式，从外表看很像现在的平装书。但它也有缺点，就是阅读时每翻阅一面，就会遇到两个空白没有字的面，而且很容易造成上下两个半页有文字的正面彼此相吸连的情况，

蝴蝶装（四）

如果经常翻阅，还容易脱页，造成书页的散乱，因此后来渐渐被另一种"包背装"所取代。蝴蝶装大约出现在唐代后期，五代时国子监雕印的经书，已经是蝴蝶装，它后来成为盛行于整个宋代的装帧形式。书籍装订形式发展到蝴蝶装，就正式进入了中国书籍装订的"册页装"时期。

六、包背装

包背装又称"裹背装"或"裹后背"，是继蝴蝶装之后又一种重要的册页装订方式。包背装始于元代，流行于明代，方法是将书页有字的正面正折，书口向外，后背用书衣包裹，不露书脑，因此称为包背装。它与蝴蝶装主要的区别，就是对

包背装

35

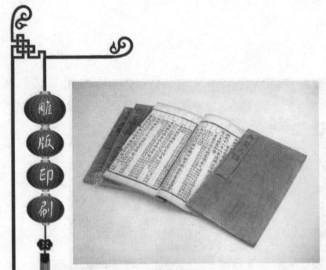

包背装

书身，上下裁切整齐后，再打孔穿线，装上封面。线装书一般只打四孔，称为"四眼装"。较大的书，会在上下两角各多打一眼，就成为六眼装了。线装书装订完成后，大多在封面上另外贴上书笺，写上书名。这种装订形式是对包背装的继承和改进，它与包背装的主要

折书页时，有字的一面朝外，而背面相对，书页呈双页状。早期的包背装，用来包书背的纸与书页的包裹、粘接方法和蝴蝶装很相似，区别仅在于与包背纸粘接的是订口，而不是中缝。后来的包背装则发展为以纸捻穿订代替了早期的粘接，方法是在订口一侧用纸捻将书页穿起来，订成一册书，然后再在书背上粘上包背纸。这种装订形式已经与明中期以来流行的线装很接近了。

七、线装

线装是我国古代传统书籍装帧方式演进的最后形式，大约出现于明代中叶。线装与包背装的折法相同，只是书背不再糊纸，装订时纸页折好后先用纸捻订起

线装

区别有三点：一是改纸捻穿孔订为线订，二是改整张包背纸为前后2个单张封皮，三是改包背为露背。线装是用线将书页连同前后书皮装订在一起的装订形式。

线装书出现后，一直沿用至今。从工艺方法上，后来虽有不同程度的变化，但均未超出线装范围。在整个古书装帧史上，线装书是最流行的一种装帧形式，

雕版印刷

至今，人们仍习惯将古书统称为"线装书"。

八、书籍的版式

册页装是与雕版印刷密切相关的装帧形式，书籍装订进入了册页装的时代后，书页就出现了许多特有的部分。下面分别介绍一下。

（1）版框：也叫边栏，指一张印页四边的围线，以围线的条数分，有四周单边、左右双边、四周双边等。

（2）栏线：也叫界栏或界行，指的是字行之间的分界线，有朱墨两色界行，红色的就叫朱丝栏，黑色的就叫乌丝栏。

（3）行款：指的是每半页版面的行数和每行的字数，又称行格。著录版本时多记半页若干行若干字，遇有每行字不一致时，则取其最多或最少者记之，外加"不等"二字。

（4）版心：又叫中缝、书口、版口，是印页版框中间的那段窄行。一来用于对折书页，二来格

花鱼尾　　　白鱼尾　　　黑鱼尾

版式图

内经常刻有书名、卷次、页码、字数、刻工姓名和出版处。版心有专供折叠时作标记用的鱼尾图形，其中间称做中缝。

（5）鱼尾：版心全长约1/4处的标志，因为状似鱼尾，故名。以数量区分，有单鱼尾、双鱼尾、三鱼尾。以方向区分，有对鱼尾和顺鱼尾。以图案虚实分，有白鱼尾、黑鱼尾、线鱼尾、花

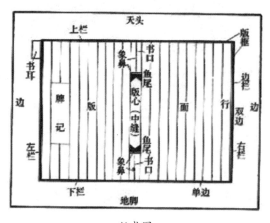

版式图

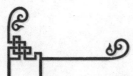

鱼尾。鱼尾是折纸的准线。

（6）象鼻：指鱼尾到边栏这一段版心中间的黑线，仿佛象的鼻子垂在胸前。有粗细之别，粗的叫大黑口，细的叫小黑口，没有象鼻的叫白口。上下象鼻中刻有书名卷数等称做花口。

（7）天头：又叫书眉，版框上端的白边。供眉批之用。

（8）地脚：指的是版框下端的白边。

（9）书耳：也称耳格或耳子，指版框外边上端的小方格。一些宋刻本常有此式，专门用来记篇名、书名简称或者帝王名号、室名等。

（10）小题和大题：正文首页题目的形式。小题指篇名，大题指书名。通常情况是大题在上。宋版书有时小题在上，大题在下。

（11）牌记：刻书的人常在一书的序目之后或卷末镌刻刻书家的姓名、堂号、书坊字号或刻书年月，俗称"书牌子"，一般刻成正方、长方等形状的印章形式。

（12）书衣：就是封面。一般采用质地较坚韧的有色纸，比较珍贵的书籍采用丝织品，可起保护作用。又称书皮、封皮。

（13）书签：贴在书衣左上方的长方形纸条或丝条，标有书名。有时藏家也会在此写上自己的堂号，以标明所有。亦有找名家书写书签者，往往落款书为某某题签。

（14）书根：书册最下端的侧面部分，刻本常在此印书名、卷册数，也常被收藏者题写书名、卷册数、卷册顺序，以供检索。

第三章 雕版印刷发展史

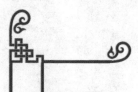

第一节　唐代的雕版印刷

唐代上承隋代，结束了数百年的分裂和战乱，统一了国家之后，对图书的搜集和收藏十分重

《宝箧印经》

视。唐高祖武德年间就下令重金在民间收购书籍，并且增置楷书令，专门负责缮写。数年之间，群书已略备。太宗时魏徵等人又请下令征求图书，并派大学士对

书籍进行校订和整理，国家藏书大增。玄宗开元年间，又命褚无量等校正皇宫内库的藏书，藏在东都洛阳的乾元殿。据开元时期的图书目录《古今书录》记载，此时国家藏书已经达到了3060部，51852卷，另外还有佛家的经律论疏和道家的经戒符箓2500多部，共9500多卷。长安、洛阳两都的藏书都按照经、史、子、集四库收藏，而且每部都抄写了副本，政府的藏书已达到了相当完备的程度。与此同时，私人藏书的数量也在日益增多，已经出现了家藏万卷以上的大藏书家。如玄宗时的韦述家藏书2万多卷，宣宗时的柳仲郢家有藏书1万多卷，而且为了安全稳妥，所藏的书籍每部都要抄写3个副本。社会的

钱弘俶于956年刻印的《宝箧印经》

《宝篋印经》

安定，经济的发展和文化的繁荣，使得唐代的文学艺术、科学技术等都取得了重大成就，新的作品不断涌现。经学方面，煌煌巨著《五经正义》撰写完成，史学方面，魏晋以来各个朝代的断代史也先后完成。还出现了《史通》、《通典》这样的史学理论和专门史的专著。

地理方面也出现了《括地志》、《元和郡县图志》、《关中陇右及山南九州等图》等重要的地理著作。文学方面更是取得了空前的成就，诗歌、小说、古文等文学形式都出现了辉煌的局面。文化的迅速发展和繁荣，更加刺激了社会上广泛、快速地传播科学文化知识的需要和欲望。加上唐代佛教昌盛，译经、抄经风靡全国，当时佛教的宗派也很多，其它宗教也相继传入。宗教的发达，引起了对于宗教经典的大量需求，只靠抄写显然已不能解决问题。文化的繁荣暴露出书籍流通传播方式的落后，在社会迫切需要和已具备的物质条件的历史背景之下，雕版印刷在唐代得到了应用，并且有了初步的发展。

唐代刻书的地点，除了长安和洛阳两都，以长江流域为最盛。主要有长江上游的剑南西

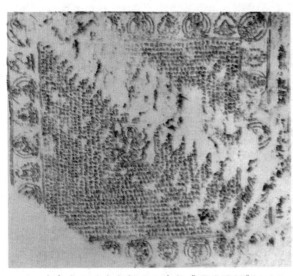

成都出土的唐代印刷品梵文《陀罗尼经》

成都出土的唐代印刷品梵文《陀罗尼经咒》

川，中游的淮南道和江南西道，还有下游的江南地区。从文献记载和现存实物可以看出，唐代的印刷品内容已十分广泛。首先是与农业生产密切相关的历书。从上面说到的冯宿上疏可以看出，当时民间刻印历书已经相当普遍和活跃，敦煌和四川保存的几份历书残卷更可以说明唐代社会历书刻印的数量是相当多的。其次就是宗教宣传品，其中又以佛教方面的宣传品为数最多。敦煌保

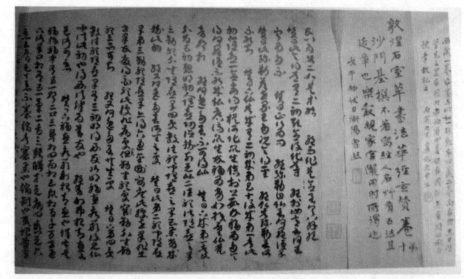

敦煌卷子草书法华经

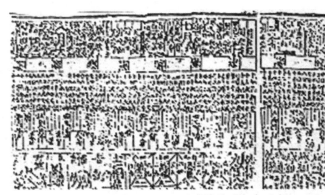

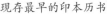
现存最早的印本历书

存下来的印刷精美的佛教经卷，以及四川、西安等地出土的许多份经咒，以及流传到日本、朝鲜的佛教印刷品，都充分说明，唐代社会对于佛教崇信之风已达到空前的境地。只靠抄写传录，已经不能满足社会的需求，具有便捷、快速的复制大量复本特性的新技术——印刷术正是在这一背景下得到应用和发展的。还有就是流行的诗文的印刷。唐代诗歌创作繁荣，诗人辈出，优秀作品大量涌现，喜好诗歌、热衷文学成为了一种社会风尚。如白居易的作品，流行程度到了"禁省寺观、邮候墙壁无不书，王公妾妇、牛童马走之口无不道"的地步，于是就出现了用雕版印刷的诗人的流行作品在市面上售卖，受到大众的欢迎。随着教育的普及和发展，科举制度适应历史潮流，逐渐发展成熟，读书人也增多了，为了满足应考及诗文写作的需要，又有了字书、类书之类的工具资料书的刻印。这些都证明，是社会历史的发展和人民群众的广泛需要推动了印刷术的产生和发展。

唐代雕版印刷的发展虽然已

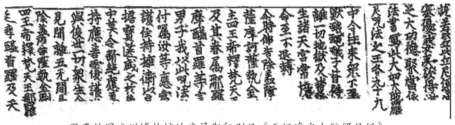
现存韩国庆州博物馆的唐早期印刷品《无垢净光大陀罗尼经》

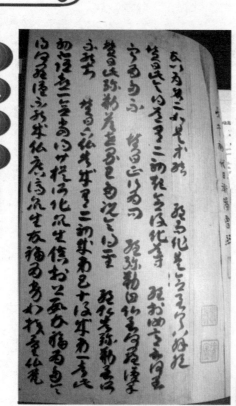

草书法华经

来源非常充足，有足够的财力可以雇佣工匠，大量地进行佛经佛像等宣传品的雕版印刷，可以不断地宣扬教义，争取信众。

除了寺院刻经之外，从事雕版印刷的大部分就是民间的刻印坊。从唐代遗存下来的实物看，可考的刻家就有"成都府樊赏家"、"龙池坊卞家"、"京中李家"等。他们主要以刻印诗文、历书、字书、阴阳杂记等为主，目的也主要是贩售求利。没有实物或文献记载唐代有正统书籍的雕印活动，这不仅是

经具有了一定的规模，但是毕竟还是处于初期阶段，还没有得到全面的推广。既没有出现正统书籍的刻印，从事刻书的人也并不普遍。当时社会上从事印刷活动的主要有两种机构，一是寺院，一是民间坊肆。唐代佛教昌炽，寺院遍及全国，皇帝也经常敕建寺庙，并且赏赐许多财物田产。寺院拥有众多僧侣，占据着大片的土地，还有许多善男信女的赞助，经济

大圣天王像

因为统治者的不关注和手抄这种习惯势力的顽强，更重要的原因恐怕是当时的雕版印刷还是初创时期，技术还比较幼稚，印刷品的质量还不能与手抄本相比。随着雕版印刷的技术水平持续提高，方法继续改进，习惯思维也渐渐被打破，上述现象才随之得到改变，这个时代，就是唐代之后的五代时期。

第二节　五代时期的雕版印刷

从公元 907 年朱温灭唐，到 960 年北宋建立，这之间的 53 年，是历史上的五代十国时期。这个时期政权屡经更迭，战乱频仍，

知识小百科：

隋唐宫廷藏书：隋文帝杨坚夺取后周政权，建立隋朝，同时继承了周的藏书一万五千余卷，灭陈后又缴获陈宫廷的大量藏书，并多次从民间征求搜购，使得隋代皇室藏书十分可观。根据《隋书·经籍志》和《新唐书·艺文志》的记载，隋代东都洛阳的藏书处名叫"观文殿"，而西都长安的藏书处名叫"嘉则殿"，嘉则殿的藏书约有 3127 部，共 3.7 万卷。

唐初主要继承了隋长安嘉则殿的藏书，经过不断搜求、积累，到了开元年间，唐代宫廷藏书达到了高峰。根据毋煚《古今书录》记载，当时唐代宫廷藏书已经达到了 3 千余部，5.2 万余卷。

除了官方藏书，唐代的私人藏书也十分丰富，比如《新唐书》记载中宗之子李元嘉"聚书至万卷，又采碑文古迹，多得异本"。韩愈《送诸葛觉往随州读书》里描写李泌家的藏书"邺侯家多书，插架三万轴。一一悬牙签，新若手未触"。《新唐书》又记载柳公绰"家有书万卷，所藏必三本，上本贮库，其副常所阅，下者幼学焉"，韦述"蓄书二万卷，皆手校订，黄墨精谨，内秘书不逮也。古草隶帖，秘书、古器图谱无不备"。

45

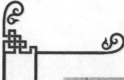

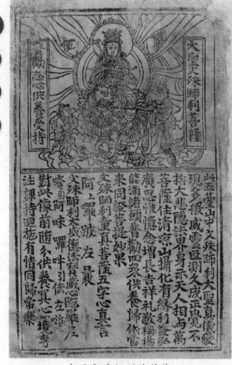

大圣文殊师利菩萨像

是有名的乱世，但是在雕版印刷发展史上，却是一个极其重要的时代。

五代时期的雕版印刷的地点更加扩大，除了唐代几个传统地区，几乎遍及当时较为安定的区域。如北方的青州地区、江南的吴越地区，甚至较为偏远的河西地区，从空间上说更加发展了。五代时期的雕版印刷更重要的特点，则是在内容上有了重大的突破。

当雕版印刷已经在民间流行的时候，统治者为了统一科考所用的儒家经典的文字，则仍然采用汉灵帝的旧法，继续雕刻石经。唐文宗开成年间，在石碑上雕刻了十二部儒家经典，立于长安的国子监内。这次刻石的字体不同于以往，已经是用当时通行的楷体来书写了。所刻的经典包括《九经》，即《周易》、《尚书》、《诗经》、三礼（即《周礼》、《仪礼》、《礼记》）、春秋三传（即《左传》、《公羊传》、《谷梁传》），还有《论语》、《孝经》、《尔雅》三部书。除此之外，还刻了两部用于刊正经书、规范字形的书籍，就是《五经文字》、《九经字样》，后世将这次刊刻的石经称为"开成石经"。

根据《五代会要》第八卷的记载：后唐"长兴三年（即932年）二月，中书门下奏：请依石经文字刻《九经》印板。敕：令国子监集博士儒徒，将西京石经本各以所业本经，句度钞写注出，仔细看读，然后雇召能雕字匠人，各部随帙刻印版，广颁天下。并须依所印敕本，不得更使杂本交错。"中书门下"指的是宰相冯道、李愚等人，"西京石经本"指的就是长安的开成石经。《册府元龟》也记载："后唐宰相冯道、李愚重经学，因言汉时崇儒，有三字《石经》，唐朝亦于国子学刊刻，今朝廷日不暇给，无能有别刻立，曾见吴蜀之人，鬻印板文字，色类绝多，终不及经典，如经典校定雕摹流行，深益于文教矣。"这些记载表明，五代时期，已经有了政府主持的雕版印刷，而且所雕印的书籍，是被认为正统严肃的儒家经典著作。这是有记载的儒家经典的第一次雕版印刷，也是统治者对雕版印刷的第一次利用。当时的统治者对此十分重视，宰相冯道、李愚奏请获准之后，皇帝于长兴三年四月再次下诏敦促。对于所雕经典的文字，虽然已经委派了国子监的师生负责进行校对，但是为了防止出现差错，皇帝再次指派五名专家硕儒进行详细的校

吴越王钱弘俶所雕《宝箧印经》

勘，力求保证经文的准确无误，而且下令在国子监师生中选派擅长书法的人，用端正的楷书把经文书写上版。

当时的刻经计划是以唐代的《开成石经》作为底本，刻印九种经书，与《开成石经》的种类相同。这个计划从后唐长兴三年（即932年）开始，一直到后周广顺三年（即953年）才全部完成。由冯道主持的这一刻板印经工程前后一共历经了后唐、后晋、后汉、后周4个朝代，用了21年的时间，在朝庭异姓、君王异代之季，冯道始终能得到统治者的支持，可见当时统治者对刊刻儒家经典的重视。刻版告成之后不久，后周国子监又

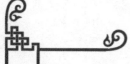

于显德二年（即955年）将另一部重要的经学著作——陆德明撰写的《经典释文》刻版印刷了。

雕版印刷技术的应用到当时被奉为经典的儒家书籍，具有重大的历史意义。它开创了经书采用雕版印刷的先河，自此以后，雕版印刷应用的范围不再只是一些民间日用的杂品或宗教的宣传品，印刷术开始得到政府的重视。经过长时间的探索和实践，在大规模的应用过程中，雕版印刷技术不断改革创新，印刷技术所具备的快速便利、成本低廉的优越性也逐渐得到了充分体现。雕版印刷从民间进入政府，从此产生了官方的刻书业。国子监刻书是官方刻书的主体，所刻的书版一般也收藏在国子监，所以也称为"监本"，这一制度对后世的影响很大。国子监刻书由于是官方行为，因此非常重视底本的选择，对校

勘和写样的要求也非常严格，刻印书籍的水准和质量都非常高，这对后代的刻书起到了良好的示范作用，因而形成了中国古代印刷书籍的优良传统。从此之后，我国书籍形式的主流，开始由手抄本逐渐转为了刻印本。

除了后唐时期雕印《九经》，五代另一位在印刷史上有着重要影响的人物，是后蜀宰相毋昭裔。毋昭裔是后蜀时一位有识略的谋臣，也是当时颇负盛名的学者。他少年时即博学多才，见识卓越，但因为家贫，在艰难的条件下求学苦读成才，因而立志要发展教育事业。蜀中经过唐末大乱之后，

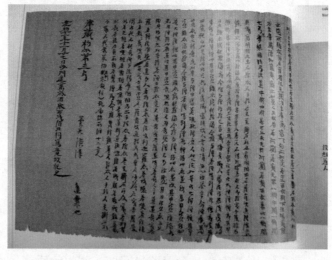

律藏初分

后晋开运四年刻印的大圣文殊师利菩萨像

学校都已荒废，毋昭裔就自己出资营造学宫，修建校舍，并且命人按照长安的《开成石经》又刻了一部石经，置于成都的学宫里，就是后世所说的"蜀石经"。后来，毋昭裔又奏请后主孟昶，将《九经》刻版印刷，这是五代时期又一次儒家经典刻印的活动。不仅是儒家经典，公元944年开始，毋昭裔还自己出资刊刻了《文选》、《初学记》和《白氏六帖》

以及一些史书。这些书籍的刊刻，又扩展了雕版印刷的内容。

根据王明清的《挥麈录》记载，毋昭裔贫贱时常向人借《文选》，那个人面有难色，这件事使毋昭裔印象深刻，他发奋说："异日若贵，当版以镂之，以遗学者。"后来他成为后蜀的宰相，果然将一些重要的书籍刻版印刷出来。这个故事不仅表明毋昭裔志存高远，胸怀广阔，更加表明了雕版印刷在文化传播上的重要价值。五代十国时期，战乱频繁，兵戈丛生，毋昭裔能在这时恢复学宫，倡导教育，刊印书籍，促进了蜀地文化的繁荣，对我国的文化教育事业作出了积极的贡献。

吴越王钱弘俶所雕《宝箧印经》

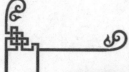

吴越王钱弘俶所雕《宝箧印经》

唐代以来的佛经印刷，在五代时期继续发展，其中较为突出的是地处南方太湖流域的吴越国。吴越国（907—978年）是五代十国时期的十国之一，由钱镠所建，都城为杭州。强盛时拥有十三州疆域，约为现今浙江全省、江苏东南部和福建东北部。在政治、经济、生产方面，吴越国是比较稳定、繁荣的朝廷之一。吴越钱氏诸王信奉佛教，因而吴越国的佛经佛像刊印也非常突出。这些雕版印刷品印刷质量好，数量巨大，在我国印刷史上是空前的。五代佛经刻印实物也屡有发现。如1917年，湖州天宁寺改建为中学校舍施工时，在石幢下象鼻中发现一些佛教经卷，在卷首扉画前有一段发愿文，题着："天下都元帅吴越王钱弘俶印《宝箧印经》八万四千卷，在宝塔内供养。显

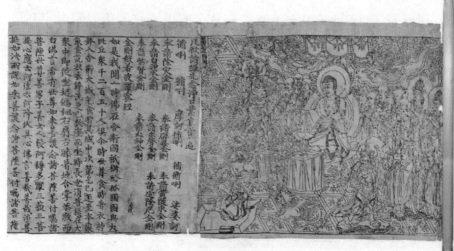

咸通本《金刚经》

唐代官抄《金刚经》

题着"天下兵马大元帅吴越国王钱俶造此经八万四千卷，舍入西关砖塔，永充供养，乙亥八月日记"，并刻有佛说法图和《一切如来心秘密全身舍利宝箧印陀罗尼经》以及经文。这些经卷都称是"八万四千卷"，或者不一定是实际数量，但吴越印刷的发达，可见一斑。

除了中国东南部出现的吴越雕印佛经经咒之外，现存五代时期的雕版印刷品，主要发现于敦煌。敦煌发现的书籍中，有五代民间刻印的韵书残本，以及许多上图下文的佛像图画。其中，后晋开运四年刻印的观世音菩萨像，文中刻有"曹元忠雕此印板，奉为城隍安泰，阖郡康宁"，"时大晋开运四年末末岁七月十五日"

德三年丙辰岁记。"1971年11月，绍兴县城关镇物资公司工地出土的金涂塔中小竹筒内发现一卷佛经，卷首题着"吴越国王钱俶敬造《宝箧印经》八万四千卷，永充供养，时乙丑岁记"。"乙丑岁"是宋太祖赵匡胤乾德三年，因为赵匡胤父亲名叫弘殷，所以钱弘俶避讳改名为钱俶。这卷佛经刻印质量很好，并且是用白皮纸印刷，扉画线条明朗精美，文字也清晰悦目。可以证明吴越印刷不但数量多，而且质量也属上乘。还有1924年杭州西湖雷峰塔倒塌，在有孔的砖塔内发现了藏有黄绫包首的《宝箧印经》多卷，世称"雷峰经卷"。卷首

北宋福州刻印的《崇宁万寿大藏》图片

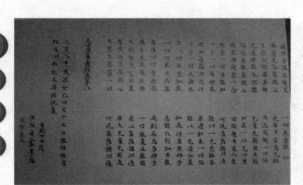

华严经

（即 947 年）"匠人雷廷美"等字样。这里既有主持刻印者姓名，又有刻印的年月日，更为可贵的是载有刻工的姓名。根据曹元忠

当时任瓜、沙等州观察使职务，可推断印刷地点就在敦煌附近。同年，曹元忠还请匠人雕印了《大圣天王像》，其形式也为上图下文，构图更为复杂。在后晋天福五年（即 940 年），曹元忠还请匠人雕印了《金刚经》。曹元忠刻印的《圣观自在菩萨像》以及一幅现在北京图书馆收藏的《大圣文殊师利菩萨像》，与他刻印的其他几幅佛像

知识小百科：

在中国雕版印刷发展史上，佛教的影响十分重要，国内现存雕版印刷早期的产品，也以佛教的经像为多。产生于古印度的佛教，约在公元前 2 世纪左右（东汉末年）传入中国，并逐渐与中国人的礼仪习俗融合在一起。佛教"三宝"指的是"佛、法、僧"，其中的"法"宝也就是佛教的经典。唐五代时期，从皇帝百官到平民百姓的善男信女，都将抄写佛经、绘制佛像作为一种功德，并以捐献数量的多少做为虔诚程度的标志。此外，还有"法舍利"，印度佛教中的"法舍利"最早是将泥塑佛像等放置到塔中作为供养，后来除了泥塑佛像，印在纸张上的佛像也可以作为"法舍利"。王国维先生在五代雕印的佛画《大圣毗沙门天王像》题记中说："古人供养佛菩萨像做功德，于造像、画像外，兼有制版，盖自唐时已然。"佛教徒对佛经及法舍利的需求量极大，而写本佛经和泥塑佛像费工费料，远远不能满足需求，由此促进了雕版捺印佛像和佛经的发展，进而影响了整个雕版印刷业的进程。

风格相近，据推断也可能是请人刻印的。所以，曹元忠在敦煌组织工匠刻印了较多的佛像佛经，这在五代印刷史上，应占有一定地位。

五代刻本，像唐代刻本一样流传到现在的非常之少。所仅存的几种都是在敦煌发现的，而且都为残本。监本九经虽然受到当时读书人的重视，但是一本都没有留存下来。唐和五代的刻本都是中国最早印刷的书，在书史和印刷史上都有重要的意义。

第三节　宋代的雕版印刷

经过五代的积累和拓展，雕版印刷在两宋进入了它的黄金时代。刻书的内容和范围更加扩大，不仅刻印儒家经典著作，还遍刻正史、诸子、医书、字书、算书、类书还有名家诗文等。除此之外，政府还主持编印了四部大型类书以及佛、道经典。这一时期的私人刻书也

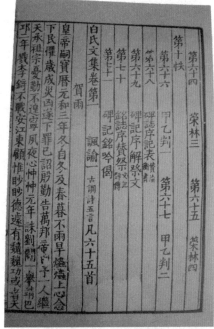

南宋绍兴杭州刻本白氏文集

大大发展，坊间刻书则以售卖营利为主。在雕版印刷史上，宋代是承前启后的重要时期，发达昌盛的刻书事业，对后世产生了极其深远的影响。

印刷事业得到发展，取得巨大成就，是与宋代的社会政治、

思溪圆资禅院刻南宋嘉熙年间法宝资福禅寺刻本

雕版印刷

北宋刻本范文正公集局部

范文正公文集卷第二

古诗
谢黄摠太博见示文集
四民诗
寄题孙氏碧鲜亭
赠张先生
明月谣
上汉谣
清风谣

书仅有万余卷，宋太宗开宝年间，朝廷藏书已增至8万多卷。同时，国家还采取措施向民间广泛征集图书，给予献书者不同程度的赏赐，奇缺的书还由专门机构负责补写，经过儿朝的努力，图书数量大为增加。

北宋时，除了宫廷中有龙图阁、玉宸馆、太清楼等藏书楼，各地政府也都设有藏书机构，到了南宋时已经极为普遍。而私人藏书之风也更加盛行，不仅"官稍显者，家必有书数千卷"，还

经济文化的发展有密切关系的。宋王朝的建立结束了五代十国战乱割据的局面，随着社会的安定，农业和制造业很快得到恢复和发展，商业较之前代更加发达，社会经济逐渐达到了全面繁荣。在这种社会经济文化背景下，雕版印刷技术的发展也获得了重要条件。北宋政府非常注重收藏、编撰和整理书籍，在削平诸国的战争中，宋代统治者还注意收集各国遗留图籍，用以充实官府藏书。根据《玉海》记载，宋初皇室藏

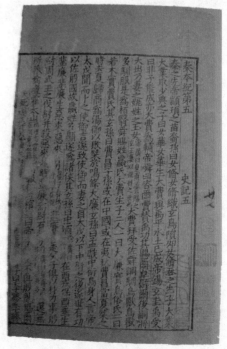

北宋刻本史记局部

54

南宋初刻本周易局部

机，宋代的学术出现了极大的繁荣。理学在北宋非常发达，出现了程颐、程颢、朱熹等大思想家。史学也获得了很大的发展，体大思精的编年体史书《资治通鉴》、百科全书式的《通志》，还有一大批金石学的著作，都具有极高的学术水平和价值。与此同时，文学艺术、科学技术等方面也呈现出蓬勃发展的景象，出现了许多重要的著作。宋代的词话、评话兴盛一时，诗文更是内容丰富，许多文集都是数百卷的巨帙。社会上学术思想的活跃促进了新学科、新书籍的大量问世，这无疑对印刷事业的发展起到了巨大的推动作用。

出现了许多著名的私人藏书家。如宋初的江正、李方、宋缓、王诛，后期的叶梦得、晁公武、郑樵、尤袤、陈振孙等人，这些藏书家的收藏都达到万卷以上。国家与私人图书财富的增长和质量的不断提高，为日后刻印书籍的发展，提供了重要的基础条件。宋朝统治者为加强和巩固中央政权，采取重文抑武的治国方针，这种方针使得倾心学术、崇尚文化在社会上蔚然成风，以此为契

宋代刻书的地点遍布全国，其中，北宋时期形成了杭州（即

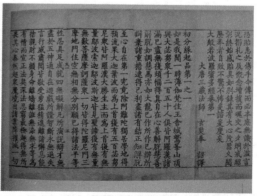

南宋刻碛砂藏

今浙江杭州）、眉山（即今四川眉山）两大中心。到了南宋，建阳（今福建建阳）又成为了另一个刻书中心。另外江苏、安徽、江西、湖南、湖北、广东和广西也是印刷业比较集中的地区。在北宋时期，都城开封也是重要的刻书中心。

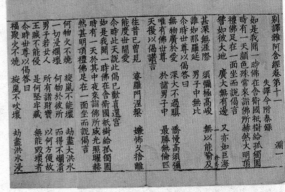

至元二十七年（1290年）杭州路大普宁寺刻本

一、官府刻书

北宋刻书继承了五代的传统，以官方刻书为主。官刻指的就是国家政府各机关部门所刻印的书籍，其又有中央和地方官刻书的区别。

1. 中央官刻书

中央官刻书，以国子监刻书为主。宋代的国子监既是国家最

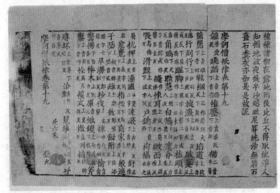

元杭州路余杭县南山大普宁寺刻本

高学府、国家的教育管理机构，同时又是中央政府刻书的主要单位。国子监所刻的书，称为"监本"。与此同时，崇文院、秘书省、司天监等机构，也从事印刷出版活动。

根据文献记载，在端拱元年(988年)，宋太宗曾命令孔维、李览等校正唐代孔颖达等人为儒家经典正文以及注文撰写的《五经正义》，由国子监刻版印行。淳化五年(994年)，李至又上奏说："五经书疏已经印行，惟二传、二礼、孝经、论语、尔雅七经疏义未备，……望令垂加雠校，以备刊刻。"到宋真宗咸平二年(999年)，

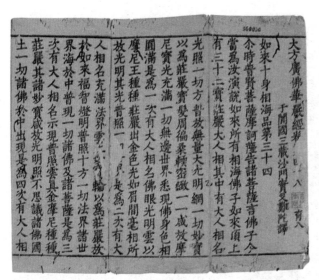

元普宁藏本

完成了这七部经书注疏的刻印。至道二年，又校订《周礼疏》、《仪礼疏》、《谷梁疏》，并新修了《孝经正义》、《论语正义》和《尔雅疏》，这些都是新刻的群经单疏。景德二年（1005年）、祥符七年（1015年）、天禧五年（1021年）又陆续重刻了五代时国子监刻的《十二经》单注和《五经文字》、《九经字样》。祥符四年还新刻了《孟子》注。至此，国子监将12部儒家经典著作的经、传正文全部刻齐。

国子监所刻的史部书，以正史为主。宋太宗淳化

五年（994年），校刻了《史记》、《汉书》和《后汉书》。真宗咸平五年（1002年），刻了《三国志》和《晋书》。仁宗天圣二年（1024年），校刻了《隋书》、《南史》、《北史》。嘉祐五年（1060年），刻印了《新唐书》。嘉祐七年（1062年），校刻了《宋书》、《南齐书》、《梁书》、《陈书》、《魏书》、《北齐书》、《周书》七部史书。在哲宗元祐元年（1086年），还刊刻了《资治通鉴》。从宋初到北宋末年，正史也全部由国子监镂版印刷了。

元刻官版大藏经

宋绍兴十七年婺州州学刻本《古三坟书》

版印刷。

宋代国子监刻书的种类丰富，成就显著。《宋史》中有一段记载，说景德二年(1005年)宋真宗到国子监检阅书库，问到经书刊印的情况，当时国子监祭酒邢昺回答说："国初不及四千，今十余万，经、传、正义皆备。"从建国之初到真宗时的约40年之间，经书的版片已经增加了20多倍。只有采用雕版印刷，才能收到如此惊人的效果。所以邢昺感叹地说："臣少从师业儒，经具有疏者无一、

国子监还刊刻了《册府元龟》、《太平御览》、《太平广记》和《文苑英华》四部大书，以及《太平圣惠方》、《黄帝内经素问》、《难经》、《千金翼方》、《黄帝针经》、《金匮要略》、《补注本草》等医书。其他各类的著作，如太宗雍熙三年(986年)中书门下敕令国子监雕印了《说文解字》，仁宗庆历三年(1043年)，又雕印了《群经音辨》。《荀子》、《文中子》、《孙子》、《尉缭子》、《六韬》等诸子的著作，也被刻

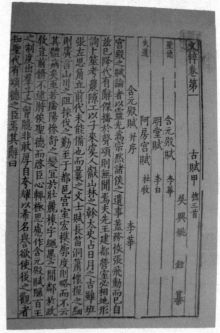

宋绍兴九年临安府刻本《文粹》

经音辨》七卷。德寿殿刻印了刘球的《隶韵》十卷。左司廊局淳熙三年（1126 年）刻印了《春秋经传集解》三十卷。秘书监于元丰七年（1084 年）由赵彦若校刻张邱建《算经》三卷，唐王孝通《辑古算经》一卷、隶属秘书省的太史局，还刻印了许多历书，是宋代政府专设的刻印出版历书的机构。

北宋时的国子监在都城开封

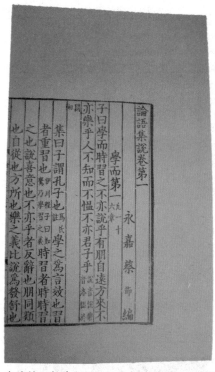

宋淳祐六年姜文龙湖州泮官刻本《论语集说》

二，盖力不能传写，今版本大备，士庶之家皆有之，斯乃儒者逢辰之幸也。"

宋代中央政府的其他部门，如崇文院、司天监、太史局、秘书监、校正医书局等，在国子监大量刻书的影响之下，也都刻印了一批与其专职相关的书籍。如崇文院于咸平三年（1000 年）刻印了《吴志》三十卷，天圣二年（1024 年）刻印《隋书》八十五卷，宝元二年（1039 年）刻印了贾昌朝的《群

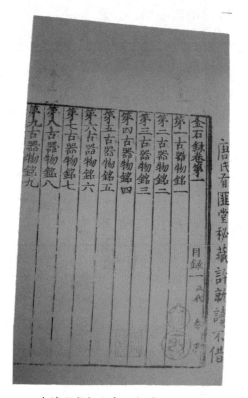

宋淳熙龙舒郡斋刻本《金石录》

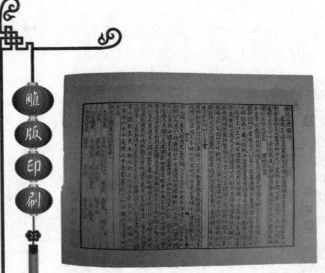

宋淳熙镇江府学刻公文纸印本《新定三礼图》

今杭州）的国子监里，覆刻了北宋监本的经书和注疏，现在还有《周易正义》、《春秋公羊传疏》和《尔雅疏》保存下来，不过有的版片已经过后世的修补。南宋的中央官刻仍然是以国子监为主，但是因为国力衰微，国子监刻书的规模无法与北宋相比。北宋国子监本大多是送到杭州刊刻，再运回开封印刷的，南宋政府也如法炮制，经常令临安府及两浙、两

府，但是监本书籍却大多送到杭州刊刻，刻成之后，再把书版运回国子监印刷。金兵入侵，北宋灭亡，国子监所刻的书籍版片也被掠劫一空，为数众多的北宋官刻书籍，保存下来的寥寥无几，十分可惜。

2.地方官刻书

宋皇室南渡，仅占东南半壁江山，社会比较安定之后，国家也开始着手恢复原有的教育体系。因为曾经存在东京开封府的书版都已经被金人掠走或烧毁，皇帝多次下令重新刊刻。根据李心传的《建炎以来朝野杂记》记载，宋高宗命令国子监："监中其他阙书，亦令次第镂板，虽重有费，不惜也。"南宋的新京城临安（即

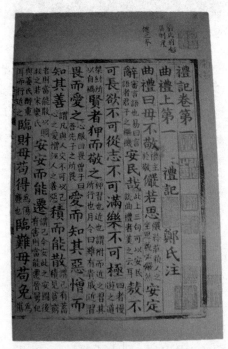

宋淳熙抚州公使库刻本《礼记》

淮、江东等地方政府部门刻版，然后送归国子监，这样就大大促进了地方各级官府的刻书活动。当时的地方刻书部门有各地方公使库、中央在地方各路设置的各路使司（如转运司、茶盐司、安抚司等）、各地方州的军学、郡学、县学，还有新兴的书院等。随着地方官刻书的发展，南宋官方刻书系统日益完善，刻印了一大批质量上乘的书籍，是宋刻本中的优秀代表。

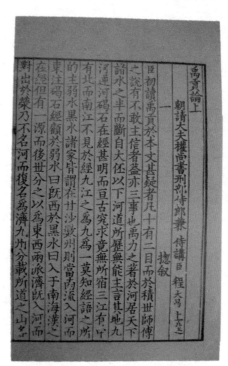

宋淳熙八年泉州州学刻本《禹贡论》

公使库刻书

公使库是宋代地方负责招待往来官员的机构，经费较多，因此多用于刻书。凡是由公使库出资刻印的书籍，都称为"公使库本"。著名的公使库本，如元符元年(1098年)苏州公使库刻的朱长文的《吴郡图经续记》三卷。宣和四年(1122年)，吉州公使库刻的欧阳文忠《六一居士集》五卷，续刻五十卷。绍兴十九年(1149年)，明州公使库刻的《骑省徐公集》三十卷。绍兴二十八年(1158

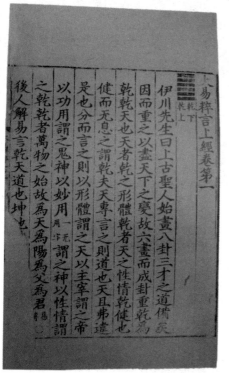

宋淳熙三年舒州公使库刻本《大易粹言》

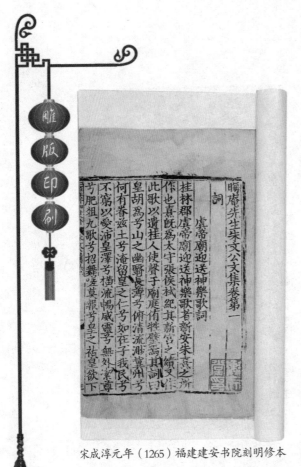

宋成淳元年（1265）福建建安书院刻明修本

年），沅州公使库刻的孔平仲《续世说》十二卷。淳熙四年 (1177年)，抚州公使库刻的《礼记郑注》二十卷，附《释文》四卷。淳熙六年 (1179年)，春陵郡库刻的《河南程氏文集》十卷。淳熙七年 (1180年)，台州公使库刻的《颜氏家训》七卷。淳熙八年 (1181年)，台州公使库刻的《荀子》二十卷。淳熙十年 (1183年)，泉州公使库印书局刻的《司马太师温国文正公传家集》八十卷。淳熙十四年 (1187

年)，鄂州公使库刻《花间集》十卷等。

各路使司刻书

根据《宋史·地理志》记载，宋太宗至道三年 (997年)，将天下划分为十五路，天圣年间又划分为十八路，元丰年间进一步划分为二十三路。高宗南渡后，仅存两浙、江东西、湖南北、西蜀、福建、广东、广西等十五路。"路"是比"州"高一级的幅员更大的区划，宋朝政府在各路分别设置了转运司、提刑司、安抚司、茶盐司等机构，分别主管财政税收、

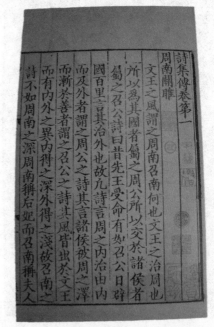

宋淳熙七年筠州公使库刻本《诗集传》

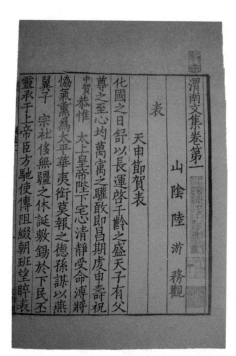

宋嘉定十三年溧阳学宫刻《渭南文集》

三十卷，以及无刊刻年代的《唐书》二百卷。两浙西路茶盐司于绍兴二十一年（1151年）刻的《临川王先生文集》一百卷。两浙东路茶盐司于绍熙三年（1192年）刻的《周礼正义》七十卷（经过元代递修）。两浙东路安抚使于乾道四年（1168年）刻的《元氏长庆集》六十卷。浙西提刑司于淳熙六年（1179年）刻的《作邑自笺》十卷。江西提刑司于嘉定五年（1212年）刻的洪迈《容斋随笔》七十四卷。福建转运司于绍兴十七年（1147年）刻

刑狱诉讼、军政民政、茶盐专卖等地方事务。这些机构实际上分别掌握着各地方的政治经济命脉，具有较雄厚的经济实力，也有能力进行刻印书籍的工作。

今天我们能从文献中找到记载，以及还能看到实物的各路使司刻书，比如两浙东路茶盐司于熙宁二年（1069年）刻的《外台秘要方》四十卷，于绍兴三年（1133年）刻的《资治通鉴》二百九十四卷、扬雄《太玄经》十卷，于绍兴六年（1136年）刻的《事类赋》

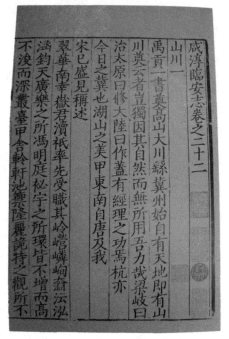

宋咸淳刻本《临安志》

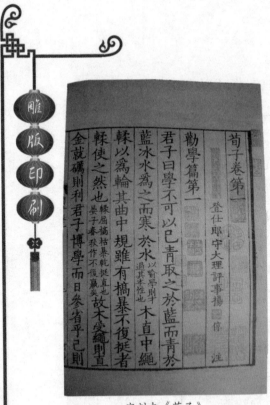

宋刻本《荀子》

二十三年(1153年)刻的黄伯思《东观余论》，于开庆元年(1259年)刻的《西山先生真文忠公读书记》甲集三十七卷，乙集十六卷，丁集八卷。福建漕司吴坚刻的《龟山先生语录》四卷、《后录》二卷。广西漕司于绍兴三年(1133年)刻的王叔和《脉经》十卷。江东仓台于淳熙七年(1180年)刻的《隶续》二卷。江西漕台于淳熙九年(1182年)刻的荀悦《申鉴》一卷，《吕氏家塾读诗记》三十二卷。淮南漕廨于嘉定八年(1415年)刻

的《太平圣惠方》一百卷。漳州转运使于淳熙十二年(1185年)刻的大字本《三国志》。淮南东路转运司淳祐十年(1250年)刻的徐积《节孝先生文集》三十卷。荆湖北路安抚司于绍兴十八年(1148年)刻的《建康实录》二十卷。湖北茶盐司于淳熙二年(1175年)补刻的绍熙茶盐提举司本《汉书》一百二十卷等。

除了各路使司之外，各地方政府从事过刻书活动的，还有漕司、漕台、计台、庚司、仓台、漕院等官署。如建安漕司于绍兴

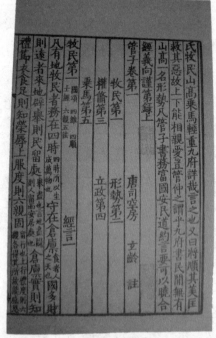

宋刻本《管子》

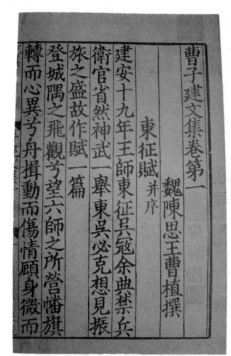

宋刻本《曹子建文集》

的《资治通鉴》二百九十四卷，绍兴九年(1139年)刻的《文粹》一百卷。明州于绍兴十九年(1149年)刻的《骑省徐公集》三十卷，于绍兴二十八年(1158年)刻的《文选》六十卷。温州于淳熙九年(1182年)刻的胡志堂《读史管见》八十卷。吉州于嘉定二年(1209年)刻的《张先生校正杨宝学易传》二十卷。绍兴府于绍兴九年(1139年)刻的《毛诗正义》四十卷，于的《钱文子补汉兵志》一卷。广东漕司于宝庆元年(1225年)刻的《新刊校定集注杜诗》三十六卷。江东漕院于绍定四年(1231年)刻的《礼记集说》一百六十卷等。

各州、府、县刻书

各州(府、县)的地方政府也有许多刻书的活动。见于记载的，如江宁府嘉祐三年至四年(1058-1059年)刻的《建康实录》二十卷。嘉祐五年(1060年)中书省奉旨下杭州刊刻的《新唐书》二百五十卷。元祐元年(1086年)杭州路刻

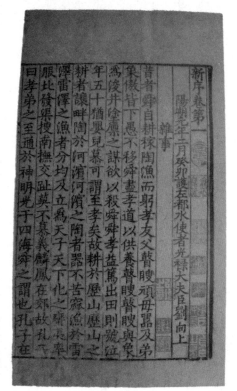

宋刻本《新序》

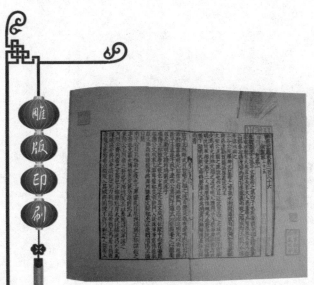

宋刻本《册府元龟》

嘉泰元年 (1201 年) 刻的施宿《会稽志》二十卷。临安府于绍兴九年 (1139 年) 刻的《群经音辨》七卷、《汉官仪》三卷，于绍兴十年 (1140 年) 刻的《西汉文类》五卷。平江府于绍兴十五年刻的《营造法式》三十四卷。余姚县于绍兴二年 (1132 年) 刻的《资治通鉴》二百九十四卷。眉山于绍兴十四年 (1144 年) 刻的《宋书》一百卷、《魏书》一百四十卷、《梁书》五十六卷、《南齐书》五十九卷、《北齐书》五十卷、《周书》五十卷、《陈书》三十六卷，也就是著名的"眉山七史"。

各地方官学刻书

宋代教育事业非常发达，地方官学有州 (府军监) 学和县学两级。各学教官称为教授，州学有教授二人，县学一人，教学内容主要是儒家经义和诗赋。这些学校大多由名师硕儒主持，又具备一定的学田财力，并且对书籍有需求，因而也有大规模的刻书活动。

见于文献记载的，州军学方面，有天圣七年 (1029 年) 江阴军学刻的《国语韦昭注》二十一卷、宋庠《国语音》三卷。绍兴十年 (1140 年) 宣州军州学刻

宋乾道六年姑熟郡斋刻《洪氏集验方》

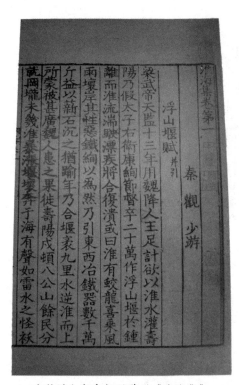

宋乾道九年高邮军学刻《淮海集》

刻的黄裳《溪山集》六十卷。乾道二年(1166年)扬州州学教授汤修年刻的廖刚《高峰集》十二卷。乾道四年(1168年)兴化军学教授蒋邕刻的《蔡忠惠集》三十六卷。乾道七年(1171年)衢州军州学刻的王溥《五代会要》三十卷,邵武军学刻的廖刚《高峰集》十二卷。绍熙三年(1192年)高邮军学刻的秦观《淮海集》四十九卷。庆元六年(1200年)建昌军学刻的《宋书》二百卷。嘉定元年(1208年)台州军学刻的林师箴《天台

的梅圣俞《宛陵集》六十卷。绍兴十七年(1147年)黄州州学刻的王禹偁《小畜集》三十卷。婺州州学刻的苏洵《嘉祐集》十六卷。绍兴二十一年(1151年)惠州军州学刻的眉山《唐先生文集》三十卷。绍兴二十二年(1152年)抚州州学刻的谢迈《竹友集》十卷。绍兴二十七年(1157年)南剑州州学刻的孙甫《唐史论断》三卷,卢州州学刻的《孝肃包公奏议集》十卷。乾道元年(1165年)建昌军学

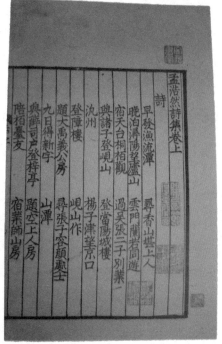

南宋中期四川眉山刻《唐六十家集》

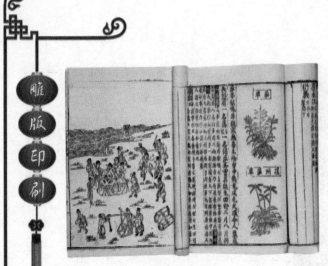

杨必达重修本

前集》三卷。端平元年（1234年）
临江军学刻的张洽《春秋集注》
十一卷。

　　各府学刻书包括，高宗绍兴
九年（1139年）临安府学刻贾昌朝
《群经音辨》七卷。孝宗乾道六
年（1170年）平江府学刻《韦苏州
集》十卷。淳熙二年（1175年）严
州府学刻袁枢《通鉴纪事本末》
二百九十卷。淳熙三年
（1176年）安陆郡学刻郑
獬《郧溪集》二十八卷。
光宗绍熙二年（1191年）
池州郡学张釜刻其祖《张
纲华阳集》四十卷。宁宗
庆元五年（1199年）池阳
郡学刻胡铨忠简先生《文
选》九卷。理宗端平元年

（1234年）泉州府学刻《真德
秀心注》一卷。度宗咸淳元
年（1273年）镇江府学教授
李士忱刻《说苑》二十卷。
理宗宝佑四年（1256年）刻
《建康实录》二十卷。光宗
绍熙五年（1194年）当涂县
斋刻周渭《弹冠必用集》一
卷。宁宗嘉定八年（1215年）
六峰县斋刘昌诗自刻《芦浦笔记》
十卷。嘉定十四年（1221年）高安
县斋刻范祖禹《帝学》八卷。理
宗端平元年（1234年）大庾县斋赵
时棣刻《真德秀政经》一卷。淳
祐十二年（1252年）建阳县斋刻《晦
庵先生朱文公易说》二十三卷。
度宗咸淳三年（1267年）湘阴县斋
向文龙刻《朱子楚辞集注》八卷。

明成化十七年（1481）山西刻本

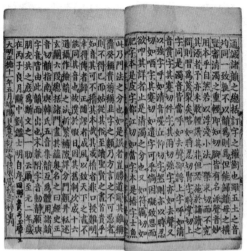

明正德十一年（1516）北京衍法寺刻本

《宋宰辅编年录》二十卷。孝宗淳熙四年（1177年）泉州学宫彭椿年刻程大昌《禹贡山川地理图》二卷。宁宗嘉定三年（1203年）溧阳学宫刻陆游《渭南文集》五十卷。理宗绍定元年（1230年）桐江学宫刻《开元天宝遗事》二卷。端平二年（1235年）富川学宫刻《朱鉴诗传遗说》六卷。淳祐四年（1244年）衢州学宫刻杨伯岩《六帖补》二十卷。孝宗淳熙六年（1179年）湖州学宫刻蔡节《论语集说》十卷。宁宗嘉定五年（1212年）吴郡学舍刻《吕祖谦大事记》十二卷、《通释》三卷、《解题》十二卷等。

郡斋、郡庠刻书

府州军一级的政府刻书，比较多的著录为"某某郡斋刻本"，

咸淳五年（1269年）崇阳县斋伊赓刻《乖崖先生文集》十二卷，附录一卷。高宗绍兴十二年（1142年）汀州宁化县学刻《群经音辨》七卷。孝宗淳熙元年（1174年）黄严县学刻张九成《横浦心传录》三卷、《横浦日新》一卷。淳熙十年（1183年）象山县学刻《林钺汉隽》十卷。宁宗庆元六年（1200年）华亭县学刻晋二俊《陆士衡集》十卷、《陆士龙集》十卷。理宗淳祐十一年（1251年）昆山县学刻《玉峰志》三卷、续一卷。宝祐五年（1257年）永福县学刻徐自明

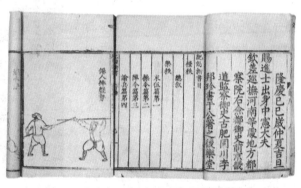

明隆庆三年（1569年）刻本

69

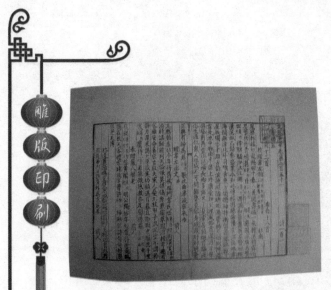

宋嘉泰元年至四年周必大刻文苑英华

官学刻书则包括了州学、府学、军学、郡学、郡庠、县学、县庠、学宫、学舍等名目，因此这两类事实上就是地方政府和地方官学的刻书，并不是另外一类。这里为了表述直观，将它们独立出来。

郡斋刻本包括仁宗嘉祐四年（1059 年）姑苏郡斋王琪刻的《杜工部集》二十卷，附《补遗》。徽宗宣和五年（1123 年）春陵郡斋刻的《寇莱公诗集》三卷。南宋高宗绍兴元年（1131 年）会稽郡斋刻的鲍彪《战国策》十卷。绍兴四年（1134 年）高邮斋刻的孙觉《春秋经解》十五卷，临川郡斋詹大和刻的王安石《临川集》一百卷。绍兴二十八年（1158 年）宣州郡斋楼照刻的《谢宣城集》五卷。绍

兴三十一年（1167 年）赣郡斋刻的陈襄《古灵先生集》二十一卷，《年谱》一卷，附录一卷。孝宗隆兴二年（1164 年）盱江郡斋刻的郑侠《西塘集》二十卷。乾道二年（1166 年）泉南郡斋刻的《宋孔传六帖》二十卷，吴郡斋刻的吕本中《东莱先生诗集》二十卷。乾道三年（1167 年）澄江郡斋刻的《宣和奉使高丽图经》四十卷。乾道六年（1170 年）婺州

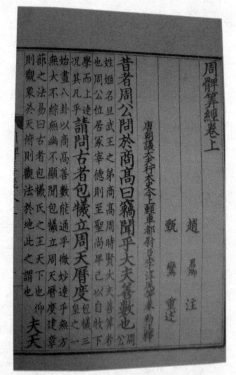

宋嘉定六年鲍澣之汀州刻本周髀算经

宋咸淳廖氏世綵堂刻《昌黎先生集》

郡斋李衡自刻的《周易义海提要》十二卷。乾道七年（1171年）姑熟郡斋刻的《伤寒要旨》一卷、《药方》一卷。乾道八年（1172年）姑熟郡刻的杨侃《两汉博闻》十二卷。淳熙二年（1175年）建安郡斋韩元吉刻的《大戴礼记》十三卷。淳熙三年（1176年）广德郡斋以中字本重刻的蜀小字本《史记》。淳熙六年（1179年）吴兴郡斋刻的《魏郑公谏录》五卷，筠阳郡斋

苏诩刻的苏辙《栾城集》八十四卷。淳熙八年（1181年）池阳郡斋尤袤刻的《文选李善注》六十卷、《考异》一卷，《文选》双字三卷，《昭明太子集》五卷。淳熙十一年（1184年）南康郡斋朱端章自刻的《卫生家宝产科备要》八卷。光宗绍熙元年（1190年）襄阳郡斋吴琚刻的《襄阳耆旧集》一卷。绍熙二年（1191年）会稽郡斋刻的鲍彪《战国策校注》十卷。绍熙三年（1192年）邵阳郡斋胡澄刻的贺铸《庆湖遗老集》九集，《拾遗》一卷，《补遗》一卷。宁宗庆元元年（1195年）邵阳郡斋黄沃刻其父公度《知稼翁集》十二卷。嘉泰元年（1201年）筠阳郡斋刻的米芾《宝晋山林集拾遗》八卷。嘉泰四年（1204年）新安郡斋沈有开刻的吕祖谦《皇朝文鉴》一百五十卷。开禧元年（1205年）天台郡斋叶筌刻的《石林奏议》十五卷。嘉定元年（1208年）永嘉郡斋刻的陈傅良《止斋集》五十二卷。嘉定三年（1210年）高邮郡斋汪纲刻的陈敷《农书》三卷、秦观《蚕书》一卷。嘉定四年（1211年）宜春郡斋

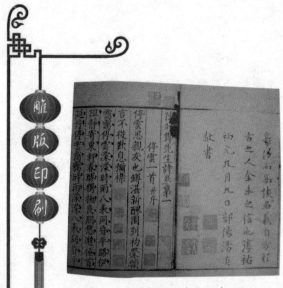

宋刻本陶靖节先生诗

刻的《唐摭言》十五卷。嘉定六年 (1213 年) 泉州郡斋刻的《梁溪先生集》一百八十卷、附录六卷。嘉定七年 (1214 年) 真州郡斋刻的陈敷《农书》三卷、秦观《蚕书》一卷。宝庆三年 (1227 年) 南剑州郡斋刻的《朱文公校昌黎先生文集》四十卷、《外集》十卷、《集传》一卷、《遗文》一卷。绍定元年 (1228 年) 台州郡斋刻的陆游《老学庵笔记》十卷、严州郡斋刻的潘阆《逍遥词》一卷。绍定二年 (1229 年) 婺州郡斋刻的吕本中《童蒙训》三卷。端平元年 (1234 年) 新安郡斋重修嘉定十五年、补修嘉泰四年沈有开刻《皇朝文鉴》一百五十卷。淳祐三年 (1243 年) 宜春郡斋程公许刻的《春秋分纪》

九十卷。淳祐九年衢州郡斋游钧刻的晁公武《郡斋读书志》二十卷、莆田郡斋刻的《刘克庄后村居士集》五十卷。淳祐十二年 (1252 年) 当涂郡斋马光祖刻的《四书章句集注》二十六卷。宝祐元年 (1253 年) 卢陵郡斋刻的杨仲良《皇朝通鉴纪事本末》一百五十卷。宝祐四年 (1256 年) 临川郡斋刻的谢采伯《密斋笔记》五卷，续一卷。宝祐五年 (1257 年) 严陵郡斋刻的

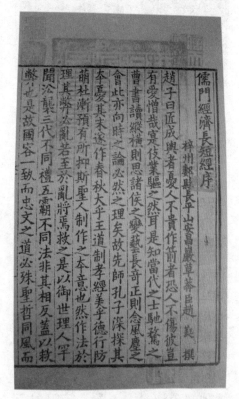

宋刻本长短经

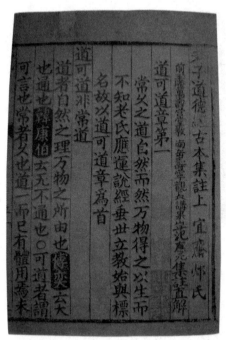
宋刻本老子道德经古本集注

袁枢《通鉴纪事本末》四十二卷。咸淳五年(1269年)崇阳郡斋刻的张咏《乖崖先生文集》十二卷。咸淳六年(1270年)盱江郡斋黎靖德刻的《朱子语类》一百四十卷等。

郡庠本有：高宗绍兴元年(1131年)泉南郡庠韩仲通刻《孔氏六帖》三十卷。绍兴八年(1138年)吴兴郡庠刻《新唐书纠谬》二十卷。绍兴三十年(1160年)宜春郡庠刻唐庐肇《文木西工集》三卷。乾道元年(1165年)永州

郡庠叶程刻《唐柳宗元柳州集》三十卷，外集一卷。乾道二年(1166年)扬州郡庠刻沈括《梦溪笔谈》二十六卷。乾道三年(1167年)临汀郡庠刻晁说之《嵩山文集》二十卷，福唐郡庠刻《汉书》一百二十卷。乾道四年(1168年)温陵郡庠刻蔡襄《忠惠集》三十六卷，临汀郡庠刻《钱塘韦先生集》十八卷。乾道五年(1169年)临汝郡庠刻徐积《节孝语录》一卷。乾道九年(1173年)高邮郡庠刻秦观《淮海集》四十九卷。淳熙三年(1176年)蕲春郡庠刻《王先生集》八卷。淳熙九年(1182年)泉州郡庠刻《潜虚》一卷。宁宗嘉泰元年(1201年)东宁郡庠刻龚颐正《芥隐笔记》一卷。理宗绍定元年(1228年)桐江郡庠刻《老学庵笔记》。度宗咸淳九年(1273年)衢州郡庠赵湛刻《四书朱子集注》二十六卷。

书院刻书

书院是五代时期开始出现的教育机构，有官办书院，也有私立书院，具有讲学、藏书、著书、刻书、学术研究等多种职能，刻

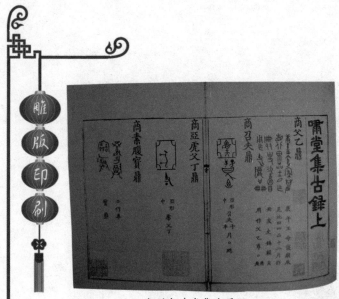

宋刻本啸堂集古录

书是其中重要的一项。南宋是书院发展的昌盛时期，史书记载，宋理宗大力支持书院建设，还亲自为许多书院题写了院名。当时发展书院教育甚至成了地方官博取名誉地位的重要手段。官办书院很快就遍及全国，每个州一般都有一所官办书院，有的州还建立了两三所。不少县也办起了书院，很多官员和学者还办了私立书院。书院和生员数量的增加，促进了对书籍的需要量不断扩大，进而促进了刻书事业的发展。书院刻书从南宋肇始，经过元明两朝的发展，到清代最为兴盛，形成了古代刻书史上独树一帜的书院刻本。

宋代书院刻书有，婺州丽

泽书院于理宗绍定三年(1230年)重刻司马光《切韵指掌图》二卷，吕祖谦《新唐书略》三十五卷。象山书院绍定四年(1231年)刻袁燮《絜斋家塾书钞》十二卷。泳泽书院淳祐六年(1246年)刻大字本朱子《四书集注》十九卷。龙溪书院淳祐八年(1248年)刻陈淳《北溪集》五十卷，外集一卷。竹溪书院宝祐五年(1257年)刻方岳《秋崖先生小稿》八十三卷。环溪书院景定五年(1264年)刻《仁斋直指方论》二十六卷、《小儿方论》五卷、《伤寒类书活人总括》七卷、《医学真经》一卷。建宁府建安书院咸淳元年(1265年)刻晦庵先生《朱文公文集》一百卷、续集十卷、别集十一卷。吉州白鹭州书院嘉定十七年(1222年)刻汉班固撰、唐颜师古注《汉书集注》一百卷。刘宋范晔撰、唐李贤注《后汉书注》九十卷，晋司马彪撰、梁刘昭注《汉志注补》五十卷。梅隐书院嘉定年间刻宋蔡沈《书集传》六卷。鄂州孟太师府

鹄山书院刻宋司马光《资治通鉴》二百九十四卷。紫阳书院刻宋魏了翁《周易要义》十卷、《周易集义》六十四卷等。

二、书坊刻书

坊刻指的就是民间书商刻印的书，他们刻书都是以售卖营利为目的，一般都有自己的写工、刻工、印工等。刻书的书坊往往称为书林、书肆、书堂、书棚、书铺、书籍铺、经籍铺等。宋代的民间印刷，是在唐中后期到五代以来兴起的民间印刷作坊的基础上发展起来的。从现存大量的南宋刻本书籍和版画中可以看出，南宋也是雕版印刷的一个全面发展的时期。不仅是中央和地方官府刻书，私家和书坊也都从事雕版印刷，种类之丰富，质量之高，不仅空前，某些方面甚至明清刻本也难以与之比肩。几个大的刻书中心，都是当时经济繁荣、文化发达以及盛产纸张的地区，如两浙地区、福建地区和四川成都地区。在长期的雕印实践中，这几大刻书中心逐渐形成了各自的风格。下面分别进行介绍。

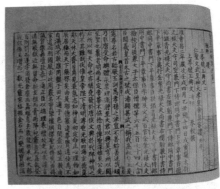

宋刻本《会昌一品制》

1. 浙江地区的坊刻

浙江地区具有悠久的刻书历史，北宋以来就是宋代中央官刻的主要地点，两浙地区的雕印中心。北宋亡后，都城开封的一部分刻印手工业者也来到临安（即今杭州），促使临安成为当时全国刻书事业最发达的地区。宋代浙江地区，主要是杭州的刻本，通常称为"宋浙本"。

宋浙本的书包括：杭州大隐坊政和八年 (1118 年) 刻的《重校正朱肱南阳活人书》十八卷。临安府太庙前尹家书籍铺刻《钓矶立谈》一卷、《渑水燕谈录》十卷、《北户录》三卷、《茅亭客话》十卷、《却扫编》三卷、《续幽怪录》四卷《篋中集》一卷《曲洧旧闻》十卷。杭州钱塘门里车

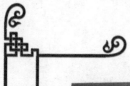

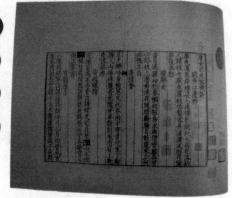

宋临安府陈宅书籍铺刻《唐女郎鱼玄机诗》

桥南大街郭宅纸铺刻《寒山拾得诗》一卷。临安府金氏刻《甲乙集》十卷。金华双桂堂景定二年（1261年）刻宋伯仁《梅花喜神谱》二卷。杭州开笺纸马铺钟家刻《文选五臣注》三十卷，北大图书馆、

北京图书馆均藏有部分残卷。临安荣六郎书籍铺刻葛洪《抱朴子内篇》二十卷，现藏于辽宁省图书馆。

南宋时，浙江地区坊间刻书最有名的是临安陈氏各家字号。陈氏各家从事书籍刻印的人中，又以陈起父子最有名。陈起字宗之，又字彦才，号芸居，又称武林陈学士。陈起的儿子陈思，号续芸。大约从13世纪前半期起，在不到五十年时间内，临安府棚北睦亲坊南陈起父子相继的陈宅书籍铺，几乎刻遍了唐宋人的诗文集和小说。临安府陈氏书籍铺

知识小百科：

"三馆"与"秘阁"：唐代有弘文（亦称昭文）、集贤、史馆三馆，是负责藏书、校书、修史等事项的单位。北宋建立之后沿袭这一设置，太宗即位后重建三馆，于太平兴国三年建成，三馆合一，赐名为"崇文院"。宋代郑樵所著《通志·总序》说："欲三馆无素餐之人，四库无蠹鱼之简，千章万卷，日见流通。"崇文院建成之后，宋太宗又"分三馆书万余卷，别为书库，目曰'秘阁'。阁成，亲临幸观书"。宋人所谓的"馆阁"，指的就是"三馆"与"秘阁"。根据北宋历代国史记载，北宋宫廷藏书前后共计有六千七百余部，七万三千九百卷。宋室南渡后，历朝官方又对书籍进行搜求编藏，藏书量也颇为丰富。

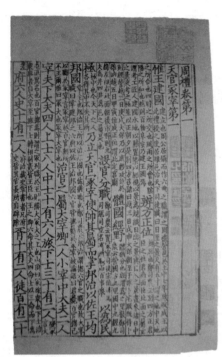

宋婺州市门巷唐宅刻本《周礼》

所刻的书籍，可以看作南宋坊刻本的代表。

陈氏所刻的书有，临安府棚北睦亲坊陈解元书籍铺刊行的宋郑清之《安晚堂集》七卷、宋林同《孝诗》一卷、宋林希逸《竹溪十一稿诗选》一卷、陈必复《山居存稿》一卷、刘翼《心游摘稿》一卷、《李 梅花衲》一卷。临安府棚北大街睦亲坊南陈解元书籍铺刊印的宋张至龙《雪林删余》一卷。临安府棚北大街陈解元书籍铺印行的宋周弼《汶阳端平诗

隽》四卷、李《蠲绡集》一卷。临安府棚北睦亲坊巷口陈解元宅刊行的唐《王建集》十卷。临安府陈道人书籍铺刊行的汉刘熙《释名》八卷、唐康骈《剧谈录》二卷、宋释文莹《湘山野录》三卷、续一卷。宋邓椿《画继》五卷、宋郭若虚《图画见闻志》六卷。临安府陈道人书铺刊行的宋孔平仲《续世说》十二卷。陈道人书籍铺刊行的《灯下闲谈》二卷。

宋绍熙余仁仲万卷唐刻本《春秋公羊传解诂》

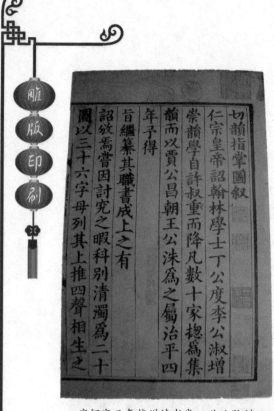

切韻指掌圖敍
仁宗皇帝詔翰林學士丁公度李公淑增
崇韻學自許叔重而降凡數十家揔爲集
韻而以賈公昌朝王公洙爲之屬治平四
年予得
旨繼纂其職書成上之有
詔敕爲嘗因討究之暇科別清濁爲二十
圖以三十六字母列其上推四聲相生之

宋绍定三年越州读书堂四世从孙刻
本《切韵指掌图》

临安府棚北大街睦亲坊南陈宅书籍铺刊行的唐《韦苏州集》十卷，《唐求诗》一卷，宋李龚《梅花衲》一卷。刘过《龙洲集》一卷。临安府棚前睦亲坊南陈宅书籍铺刊行的唐《李群玉诗集》三卷、后集五卷。临安府棚北大街陈宅书籍铺刊行的姜夔《白石道人诗集》一卷，王琮《雅林小稿》一卷，戴复古《石屏诗续集》四卷。临安府陈氏书籍铺刊行的宋俞桂《渔溪诗稿》二卷。临安府棚北睦亲坊南陈宅书籍铺印的唐《周贺诗集》一卷，李中《碧云集》三卷，《唐女郎鱼玄机诗》一卷。临安府棚北睦亲坊南棚前北陈宅书籍铺印的宋陈允平《西麓诗稿》一卷。临安府棚前北睦亲坊南陈宅经籍铺印的梁《江文通集》十卷。唐《李贺歌诗编》四卷，集外诗一卷，《孟东野诗集》十卷，韦庄《浣花集》十卷。临安府棚北大街睦亲坊南陈宅书籍铺印行的唐《罗昭谏甲乙集》十卷。临安府睦亲坊陈宅经籍铺印的唐《朱庆余诗集》一卷，宋赵与时《宾退录》十卷。临安府棚北大街陈宅书籍铺印行的唐李咸用《李推官披沙集》六卷，戴复古《石屏诗续集》四卷。临安府棚北大街睦亲坊南陈宅刊印的唐《常建诗集》二卷。

　　除了陈氏，临安还有许多家书坊，如临安府太庙前的尹家书籍铺，所刻书籍有《钧矶立谈》一卷、《渑水燕谈录》十卷、《北户录》三卷、《茅亭客话》十卷等。王念三郎家刻印过《金刚经》。从开封迁来临安府中瓦南街东荣六郎家经史书籍铺，在绍兴二十二年（1152年）重刻了《抱朴子》。钱塘门里车桥南大街郭宅经籍铺，曾刻过《寒山拾得诗》一卷。杭州大隐坊于政和八年（1118年）刻《重校正朱肱南阳活人书》十八卷，以及临安府金氏刻《甲乙集》十卷等。

江浙地区的印刷业，除了杭州之外，越州、婺州、明州、衢州、严州等地，也有一定数量的印刷作坊。如婺州有市门巷唐宅、义乌青口吴宅桂堂、义乌县酥溪蒋宅崇知斋、东阳胡仓王宅桂堂、东阳崇川余四十三郎宅等。衢州书坊所刻的书有《三国志》、《五代史》、《四书》等。严州书坊所刻的书籍有多达八十余种，明州书坊所刻的书也有《四明尊尧集》、《四明续志》等将近三十种。

2.福建地区刻书

福建是宋代坊间刻书最繁荣的地区，其中印刷业最集中的是建阳和建安两县，而又以建阳的麻沙、崇化两地更为著名。大学者朱熹曾长期在福建做官，后来迁居建阳，他描述这里的刻书情

况是："建阳书籍，上自《六经》，下及训传，行四方者，无远不至。"说明了这里刻书不但多，而且远销到全国各地。福建地区的刻本通常称为"闽本"或"建本"。有一种称为"麻沙本"的，是专指建阳麻沙镇及其周边地区的刻本。

建安、建阳两县的书坊，见于记载的有：建宁府黄三八郎书铺、建宁书铺蔡纯父一经堂、建安万卷堂、建安江仲达群玉堂、建安虞平斋务本书堂、建安庆有

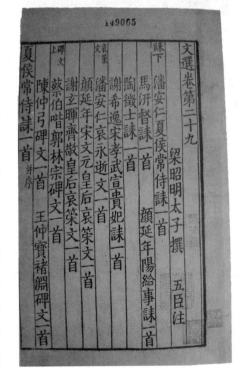

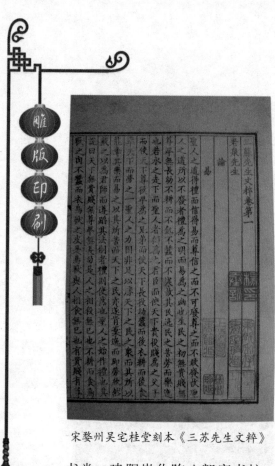

宋婺州吴宅桂堂刻本《三苏先生文粹》

书堂、建阳崇化陈八郎家书坊、麻沙刘仲立、麻沙刘智明宅、麻沙刘将仕宅、麻沙刘通判宅、建安余恭礼宅、建安余唐卿明经堂、建安余彦国励贤堂、余氏广勤堂、建安余仁仲万卷堂、余靖安勤有堂宫十八家。

福建坊刻中最著名的是余氏各书坊。余氏经营刻书年代悠久，世代相传，直至元、明仍然以刻书为业。南宋是余氏刻书最兴盛的时代，有余恭礼、余唐卿明经堂、余彦国励贤堂、余氏广勤堂、余

靖安勤有堂、余仁仲万卷堂等数家。其中刻印书籍最多的是余仁仲万卷堂。他所刻的书籍中最著名的是《九经》，如淳熙七年刻的《尚书精义》、绍熙二年刻的《春秋公羊传》十二卷、绍熙四年刻的《春秋谷梁传》，都是有名的经籍版本。

南宋时建安余氏其他各家的刻书，如建安余恭礼宅于嘉定九年（1216年）刻的《活人事证方》二十卷、建安余唐卿宅于宝佑元年（1253年）刻的《许学士类证普济本事方》十卷等。正如近代版本学家叶德辉评论余氏刻书所说：“宋刻书之盛，首推闽中，而闽中以建安为最，建安尤以余氏为最。”

建安、建阳其他各家书坊刻印书籍的情况是：建宁府黄三八郎书铺于乾道元年（1165年）刻《韩非子》二十卷，于乾道五年（1169年）刻《钜宋重修广韵》五卷。建阳麻沙书坊于绍兴十年（1140年）刻《曾类说》五十卷，于绍兴二十三年（1153年）刻的《皇宋事实类苑》七十八卷，以及《论

学绳尺》十卷，和《十先生奥论》四十卷。建宁书铺蔡纯父一经堂于嘉定元年（1208年）刻的《汉书》一百二十卷，《后汉书》一百二十卷。建安江仲达群玉堂刻的麻沙坊本《回澜文鉴》十五卷，后集八卷。崇川余氏刻的《新纂门目五臣音注扬子法言》十卷。建宁府陈八郎书铺刻的《贾谊新书》十卷。还有武夷詹光祖月崖书堂余淳祐年间刻的《资治通鉴纲目》五十九卷等。

3.四川地区刻书

除了浙江和福建之外，四川是另一个印刷业比较集中的地区。四川的成都地区是古代雕版印刷的发祥地之一，从唐末五代以来印刷事业一直非常兴盛。这里的印刷业有着悠久的传统和良好的基础，宋初有很多书籍都是在这里刻印的，其中最著名的就是北宋政府在这里刊刻的《大藏经》。

"大藏"经是佛教经典的总集，规模宏大，卷帙浩繁，北宋政府于开宝四年（971年）开始雕印这部大书，到太平兴国八年（983年）才完成，史称《开宝藏》。《开宝藏》

的刊印这是我国历史上首次刻印整部藏经，历时十二年，雕成了十三万块书版，可见当时成都地区的刻印实力之雄厚。

到了南宋，成都地区的印刷业继续发展，数量和质量都很突出，可以与浙本媲美。其印本流传至今的如《鹤山大全集》，以及裴宅雕印的《六家文选》等。眉山于绍兴十四年(1144年)刻的《宋书》一百卷，《魏书》一百四十卷，《梁书》五十六卷，《南齐书》五十九卷，《北齐书》

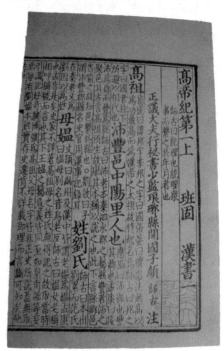

宋建安黄善夫刻本《史记》

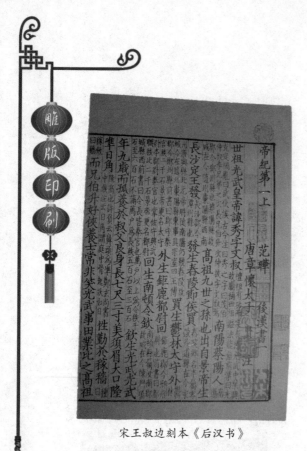

雕版印刷

宋王叔边刻本《后汉书》

五十卷，《周书》五十卷，《陈书》三十六卷，就是史上著名的"眉山七史"。另外还有眉山程舍人宅刻印的《东都事略》，以及眉山文中刻印的《淮海先生文集》等雕印书籍，都是蜀刻本的代表。

除了浙江、福建和四川三大刻书中心，江西、湖南、广东、广西、山西、陕西，也都有书坊刻书活动。所刻书籍如临江府新喻吾氏刻《增广太平惠民和剂局方》十卷、咸阳书隐斋庆元三年（1197年）新刊《国朝二百家名贤文粹》

一百九十七卷、汾阳博济堂庆元元年（1195年）刻《十便良方》四十卷等。可见南宋的民间印刷业几乎遍布各地，十分兴盛。

三、私家刻书

除了官方刻书和书坊刻书，宋代还有一类私家刻书。根据一些书目和史料记载，这一类的刻书也是十分广泛的，可惜流传下来的不多，大多是南宋刻本。

私家刻书中，最有名的是岳珂相台家塾和廖莹中世采堂两家的刻书。岳氏刻书中最有名的就是"九经三传"和《论语》、《孟子》这一套经书。廖氏世采堂所刻的书主要有《韩昌黎集》四十卷、《柳河东集》四十四卷，《春秋经传集解》三十卷、《论语》二十卷、《孟子》十四卷、《龙城录》二卷等。岳氏和廖氏所刻的书籍，质量都很高，而且版面非常美观，可以说是南宋家刻书的优秀代表。

除了这两家以外，私家刻书还有：仁宗宝元二年（1039年）临安孟琪刻的姚铉《文粹》一百卷。庆历六年（1046年）京台岳氏刻的《诗品》三卷。嘉祐二年(1057年)建邑王氏世翰堂刻的《史记索隐》三十卷。徽宗宣和元年(1119年)寇约刻的《本草衍义》二十卷。高宗绍兴二十二年(1152年)瞿源蔡道潜宅墨宝堂刻的《管子》二十四卷。绍兴二十五年(1155年)清渭何通直宅万卷堂刻的《汉隽》七册。绍兴三十年(1160年)麻沙镇水南刘仲吉宅刻的《新唐书》二百二十五卷,乾道年间刻的《增广黄先生大全文集》五十卷。乾道五年(1169年)麻沙镇南斋虞千里刻的《王先生十七史蒙求》十六卷。乾道八年(1172年)吴兴施元之三衢坐啸斋刻印的苏颂《新仪象法要》三卷。乾道八年(1172年)王抚干宅刻的王灼《颐堂先生文集》五卷。淳熙元年锦溪张监税宅(1174年)刻的桓宽《盐铁论》十卷。淳熙七年(1180年)廉台田家刻的台州公使库本《颜氏家训》七卷。开禧元年(1205年)建安刘日新宅刻的王宗传《童溪易传》三十卷。嘉泰元年(1201年)吉州周少傅府刻的《文苑英华》一千卷。嘉熙

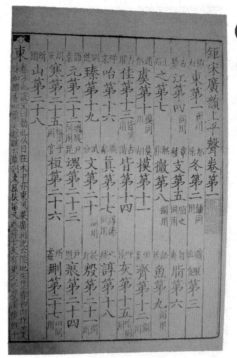

宋乾道五年建宁府黄三八郎刻本《钜宋广韵》

三年(1239年)祝太傅宅刻的祝穆《方舆胜览前集》四十三卷、后集七卷、续后集二十卷、拾遗一卷。其它还有建宁府麻沙镇虞叔异宅刻《括异志》十卷。秀岩山堂刻《增修互注礼部韵略》五卷。建安刘叔刚宅刻《附释音礼记注疏》六十三卷。建安王懋甫桂堂刻《宋人选青赋笺》十卷。姑苏郑定刻《重校添注柳文》四十五卷,外集二卷。钱塘王叔边家刻《前汉书》一百二十卷,《后汉书》

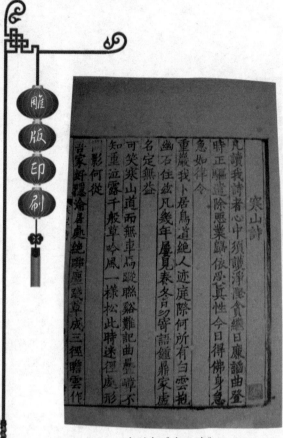

宋刻本《寒山诗》

一百二十卷。婺州市门巷唐宅刻《周礼郑注》十二卷。婺州义乌酥溪蒋宅崇知斋刻巾箱本《礼记》五卷。婺州东阳胡仓王宅桂堂刻《三苏文粹》七十卷。刘氏学礼堂刻《履斋示儿编》二十三卷。隐士王氏取瑟堂刻《中说》十卷。毕万斋宅富学堂刻李焘《经进六朝通鉴博议》十卷。

旧时请老师到家里来教授自己子弟的私塾，叫做家塾，家塾也经常从事刻书工作，所刻的书

籍也属于私人刻书。宋代家塾刻本现存于世的，如绍定二年(1229年)池州张洽刻《昌黎先生集考异》十卷。英宗治平三年(1066年)建安蔡子文家塾刻的邵子《击壤集》十五卷。乾道七年(1171年)建溪三峰蔡梦弼击家塾刻的《史记》一百三十卷。宁宗庆元二年(1196年)建安陈彦甫家塾刻的《宋名贤四六丛珠》一百卷。庆元三年(1197年)梅山蔡建侯行父家塾刻的《陆状元集百家注资治通鉴详节》一百二十卷，《李学士新注孙尚书尺牍》十六卷。建安黄善夫宗仁家塾之敬室刻的《史记正义》一百三十卷，庆元二年(1196年)刻的《前汉书》一百二十卷。建安刘元起家塾之敬室刻的《后汉书》一百二十卷。建安魏仲举家塾于庆元六年(1200年)刻的《新刊五百家注音辨昌黎先生文集》四十卷，外集十卷，别集一卷，《论语笔解》十卷。又刻《五百家注音辨唐柳先生文集》二十一卷、附录二卷、外集二卷，《新编外集》一卷，《龙城录》二卷。建安曾氏家塾刻《文场资用分门近思录》

二十卷。建安虞氏家塾刻《老子道德经》四卷等。

四、佛藏、道藏的刻印

1. 佛藏

佛教的传播和发展对印刷术的产生和应用推广都有过重大影响，比如现存最早的雕版印刷品几乎都是佛教的经书。进入宋代，印刷术的范围大大拓展，同时宗教经典也开始了大规模的印刷。此时不仅寺院刊刻佛经，一些书坊也进行刻印，而宋代规模最大的佛教经籍的印刷，是在政府的主持下展开的。

佛藏的印刷，影响最大的是前面提到的太宗开宝四年(971年)至太平兴国八年(983年)完成的《开宝藏》。这次雕印是由高品、张从信奉命在四川益州监制完成。总共历经12年，刻成5000多卷，卷子装帧，480函，总计雕刻板片13万块。《开宝藏》至今虽已没有全本传世，但仍有零卷流传。它的印刷对后世影响很大，成为一切官、私刻印藏经的标准依据。宋代政府还将印经送给高丽、契丹等地，这些国家或地方又据此予以翻刻、仿刻。这项规模宏大的工程，开创了宋代大批量雕版印刷书籍的先河，促进了宋代乃至日本、朝鲜的印刷事业，在中国印刷史甚至东亚文化交流史上

知识小百科：

宋代私人藏书：宋代私人藏书比前代有了很大的发展，藏书家辈出，并且出现了许多著名的目录学著作。清代叶昌炽的《藏书纪事诗》记载宋代藏书家68家，并附载50人，如曾官至龙图阁直学士的宋敏求，《遂初堂书目跋》（魏了翁撰）形容他藏书丰富"兼有毕文简、杨文庄二家之书，不减中秘"。北宋后期的藏书家李淑，编有《邯郸图书志》十卷，著录书籍1800余部，23200万卷。南宋著名的藏书家有叶梦得、晁公武、尤袤、陈振孙等，其中晁公武所著《郡斋读书志》、尤袤所著《遂初堂书目》、陈振孙所著《直斋书录解题》，都是十分重要的目录学专著。

都具有十分重要的意义。

继《开宝藏》之后，宋代还有过四次规模较大的官私印经活动。分别是，神宗元丰三年 (1080 年) 至徽宗崇宁二年 (1103 年)，由福州东禅寺等觉院主持慧空大师冲真、智华、契璋等人发起募捐雕刻的《福州东禅寺大藏》，也称为《崇宁藏》或《福藏》。

宋刻本十一家注《孙子》

全藏共有 6434 卷，479 函，现在还有零卷流传于世。《崇宁藏》是经折装，由此开始了藏经刻印的经折装帧形式。

徽宗政和二年 (1112 年) 至南宋高宗绍兴二十一年 (1151 年) 于福州，由开元寺僧本悟等募捐、福州人蔡俊臣等组织刻经会，依东禅寺《崇宁藏》书版的规模，又补刻了一些宋代新译的佛经，称为《毗卢藏》，也称开元寺版。

政和末年 (1117 年) 于湖州，由思溪园觉禅院刻版，湖州致仕的密州观察使王永从一家出资，依福州《崇宁藏》但略去一般的入藏经书雕印而成，称为《思溪藏》。共有约 5687 卷，548 函。

最后是南宋中期，刻于江苏吴县南境陈湖中的碛砂延圣院的《碛砂藏》。它于理宗绍定年间 (1228 年) 开雕，咸淳八年 (1234 年) 以后因兵祸渐起而一度中止，一直到元代至治二年（1322 年）才全部刊刻完成，一共经历了 91 年的时间。《碛砂藏》共 6362 卷、591 函，还有零卷流传至今。

2. 道藏

道藏就是道家著作的合集，内容包括天文、地理、历象、哲学、文学、历史、军事、医药、化学、工程等学科，集中了很多有价值的文化遗产。宋初道教盛行，宋太宗为了笼络人心，广求道家经典，将包括先秦诸子着述在内的约7000余卷书籍，抄写后送到太清宫。真宗于大中祥符初年，又把秘阁所藏道经和太清宫所藏全部送到余杭，命学士戚纶、漕运使陈全佐、道士朱益谦、冯德等人进行修校，王钦若总管其事。目录分为为三洞四辅12类，共4359卷。目录献上之后，皇帝赐名《宝文统录》。《宝文统录》修成后，真宗觉得不太理想，又命人修订，并更名为《天宫宝藏》。

到宋徽宗崇宁年间（1102—1106年），皇帝又诏令搜访道书，于书艺局令道士校订《天宫宝藏》，增加到5387卷。政和年间(1111—1118年)再次诏天下搜访道教遗书，并设立经局，将所有收集到的道书送往福州闽县万寿观，由龙图阁直学士

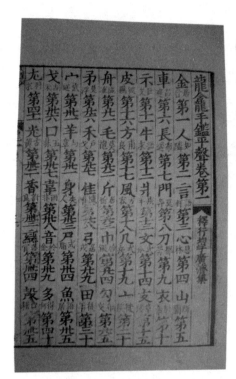

宋刻本《龙龛手鉴》

中大夫福州郡守黄裳监督雕版，刻成后将版进于京师。共有540函，5481卷，因为是在万寿观雕刻，所以定名为《万寿道藏》。因为修藏于政和年间，又称为《政和万寿道藏》。我国历史上先后编成多部《道藏》，但《万寿道藏》是第一部官版雕印的道经总集。可惜经版在靖康之乱中被金人掳走，后来，金、元、明朝所辑刻的《道藏》都是就用《万寿道藏》的版片加以修补而成的。

雕版印刷

第四节 辽金的刻书

辽、金是先后与宋代并立过的少数民族政权，由于与中原文化的交流，先进的文明和技术不断传播到这些地区，印刷术就是其中之一。辽、金的印刷活动总体来看不如宋，技术不够精湛，数量也不如宋多，但在我国印刷史上仍然占有重要的地位，尤其是女真、契丹、西夏等少数民族文字刻本的出现，意义十分重大。

一、辽代的刻书事业

辽是北方契丹民族建立的政权，其最盛时的疆域相当于今天东北、内蒙古一带外，还有燕云十六州（即河北及山西的北部）。

西夏自印佛经（西夏文刻本）

除建都上京临潢府外，还设东京辽阳府、中京大定府、南京析津府（即今北京）、西京大同府5个陪都。辽与北宋对峙200多年，汉文化程度很高，曾创造了颇有特色的文明。由于辽代书禁很严，辽的文化典籍很少传入中原。加上金灭辽时破坏极为惨重，几乎毁灭殆尽，元代修《辽史》时已感到资料匮乏，因此《辽史》极为简略。随着近几十年来考古事业的发展、科学研究的深入，一批批重要的辽代文物先后被发现，为学术界提供了珍贵的实物资料。

辽所用的汉文书籍，大多数还是从北宋购买而来，契丹文的译本还只是在小范围内流通。目前为止，大批辽代雕版印刷品的发现，集中在3座辽塔之内，即山西应县佛宫寺释迦塔（俗称应县木塔）、河北丰润天宫寺塔、内蒙古自治区巴林右旗辽代庆州释迦佛舍利塔（俗称庆州白塔）。从发现顺序来说，首先是 1974 年文物部门准备加固维修应县木塔时，在检查过程中发现四层主佛像胸部有破洞，是"十年浩劫"中被破坏的，有人无意中用木棍探之，发现里面有东西，随即会同有关方面进行清理，发现大批辽代文物，都是当年塑佛像时装藏之物。所出文物几乎都是世所仅存、首次面世。其中有《辽藏》12 卷、单刻经 35 卷、刻书杂刻 8 件、版印佛像 6 幅，共 61 件。这批辽代雕版印刷品的面世，填补了雕版印刷史上的空白。这批文物都是汉文资料，又大多是在燕京（今北京）即当时辽代的五京之一辽南京雕印的。辽南京是辽经济、文化的中心，它的成就具有代表性，所以木塔秘藏的面世，对辽代经济、文化、佛教、艺术等方面的研究产生了巨大的影响。1987 年文物部门在维修天宫寺塔时，于四至八层间第二塔心室中发现《辽藏》一帙八册及其他刻印佛教经卷、册 19 件，也全部是汉文资料，有的有明确纪年和雕印地点，大大

辽国的《辽藏》中的图案

丰富了辽代雕版印刷品的研究内涵。1988 年至 1992 年，文物部门在对庆州白塔进行加固修缮过程中，在覆钵中相轮橖五室发现大批雕版印刷的《陀罗尼咒》及少量刻经，在覆钵内壁周围也发现一些散藏刻印的佛经，也全部是汉文雕印的。其中尤具特色的是大批桦竿陀罗尼纸本雕印的《佛形像中安置法舍利记》及《根本陀罗尼咒》的出现，前所未有，引人注目。庆州白塔内发现的雕版印刷品种类不多，但数量却很惊人，计有 221 件。重现的 300 余件雕版印刷品，反映了有辽一代雕版印刷业的辉煌。

庆州白塔、应县木塔、天宫寺塔 3 座著名辽塔，从北到南分

西夏自印佛经（汉刻本）

印的《菩萨戒坛所牒》及牒封。其间圣宗统和二十一年、二十五年，开泰六年、十年，太平五年，兴宗重熙十一年、二十二年，道宗咸雍五年、六年、七年、大康年间，天祚帝乾统、天庆年间等有明确纪年。其他虽无明确纪年，但与同出文物参照、比较，也可判断其刻印的大致时间。所以说，这些雕版印刷品完全可以反映有辽一代雕版印刷业发展的概貌和水平。庆州白塔入藏品都在重熙十八年(1049年)前，所出雕版印刷品数量虽多，但精品不多，只有少数如统和二十五年(1007年)在燕京由辽代著名书法家庞可升、著名雕工樊遵雕刻的《佛形象中安置法舍利记》、开泰六年上京印的《妙法莲花经》、《观弥勒上升兜率天经》印制比较精良外，其他在上京或庆州"依燕京本雕印"的经卷就比较粗糙。应县木塔虽建于辽清宁二年(1056年)，但塔中塑像为辽末金初所塑，故其佛像内装藏之物下限可至金初。所出雕版印刷品61件，种类多，精品多，官版、私印均有。天宫

布在辽朝境内，3座辽塔所在寺院都曾是辽代著名大寺，都与辽代皇亲国戚、高官显贵有着千丝万缕的联系。3座塔中重现的300余件辽代珍贵雕版印刷品，完全可以反映有辽一代雕版印刷业的辉煌。庆州塔在上京附近，应县木塔在西京附近，天宫寺塔离燕京和中京大定府都不远，三塔所出文物涉及地域，几乎涵盖辽朝全境。从时间跨度看，有明确纪年的文物，最早的是《上生经疏科文》，卷尾题记为"时统和八年(990年)岁次庚寅八月癸卯朔十五日戊什故记"。最晚的是天庆年间所

寺塔入藏品在清宁八年(1062年)前，数量虽不多，但精品不少，特别是册装辽藏《大方广佛华严经》可谓绝品。纵观现在面世的300余件辽代雕版印刷品。全部都是汉文雕印的，证明辽代汉化程度已经很高，所以辽代雕版印刷业才相当繁荣，但显然技术水平参差不齐。当时的辽南京(即燕京)是雕版印刷业的中心，有着雄厚的经济基础和各种先进的工艺技术。造纸、制墨技术都十分精良，所刻印的经卷，无论皮纸、麻纸都光洁柔韧，特制的入潢藏经纸近千年后未见虫蛀，墨色凝重黑亮，修复时在热水中冲洗刷去污垢而墨色毫不晕染。书手如林，所书字体恭正秀丽，一丝不苟，还有当时著名书法家庞可升的亲笔。刻工人数众多，技艺优秀，所刻印刷品质量考究，数量多，流布全国。西京大同府、中京大定府、上京临潢府、东京辽阳府的刻印书籍质量较差，其他边远地区就更差了。从装帧上看，辽刻本早期多卷轴装，中期卷轴装、册装并存，最有意思的是在应县木塔中发现一册《妙法莲华经》原为卷轴装，后被改为经折装，可见明显的补加书口和用墨线补画的边框，并用一线绳在书册右上方穿一提耳。可见书籍装帧由卷轴到册装的演变是人们实践生活的需要。晚期蝴蝶装渐多。

辽代刻本中，大藏经《辽藏》特别值得一提。圣宗朝是辽朝政治、经济文化昌盛的时代，虽然与北宋对峙，时有战争，但澶渊之盟后，双方维持了较长时期的安定。这段期间，辽朝进一步巩固了对燕云十六州广大地区的统

西夏文版本《大方广佛华严经》

宋刻《碛砂藏》

治，出于对佛教的信仰和因俗而治的国策需要，也由于要与北宋分庭抗礼，几乎是与《开宝藏》同时，辽也在编定和雕印自己的大藏经。《辽藏》的编纂大约在辽圣宗时期，雕印地点就在燕京，当时主持制定经录、编校雕印《辽藏》的就是燕京首刹悯忠寺（今法源寺）钞主无碍大师诠明（旧名铨晓）。他是圣宗时燕京佛教界的著名人物，著述丰富。全部《辽藏》都是卷轴装，圆木轴，现存的《辽藏》部分经卷有的尚存卷首画、竹制签杆、编织缥带等。印刷采用硬黄藏经纸，纸质光洁坚韧，入潢防蠹。大字楷书，字体端正，墨色黑亮。版式疏朗，每纸均印有经名、版码及千字文编号，其

千字文编号与《开宝藏》不同，却与房山云居寺辽后期及金刻石经相符合，是依照后晋可洪的《新集藏经音义随函录》帙号编进的。《辽藏》与现存的《开宝藏》零卷比较，无论在书法、刻技、版式、纸质、墨色、刷印、装潢等方面均无逊色，甚至有过之而无不及。并且《辽藏》经籍筛选删削得当，校刊精审。因为辽圣宗时曾经复国号"契丹"，因此《辽藏》又称《契丹藏》，或简称《丹藏》、《丹本》。《辽藏》刻成后，曾先后送给高丽王室大义天和尚五部，后来高丽慧照国师到辽朝，一次就买回了三部《辽藏》，可见《辽藏》在辽朝境内和高丽朝当时都是影响很大的。可惜惨遭金灭辽时的战乱，辽境内所藏的《辽藏》都早已亡佚，没有一件实物存世。

据史书和文献记载，辽圣宗时不但刻印汉文佛教典籍，还刻印汉文《五经》传、疏，《史记》、《汉书》等儒家经典和史书，颁发给学校作为课本。还把他们喜欢的诗人苏东坡、白居易的诗文刊刻

出版。辽圣宗还曾把《贞观政要》、《通历》等译成契丹文刻印，把白居易的《讽谏集》译成契丹文，雕大字本印出来，让那些不懂汉文的大臣诵读。除官刻书籍外，民间私刻也定然不少，以至于辽道宗时就曾经下令禁止民间私自刻印书籍。由于辽代书禁严，民间刻书亡佚殆尽，仅能从金史资料文献中得知曾经印过字书《龙龛手镜》，医书《肘后方》、《百一方》等。只有一部《龙龛手镜》流传下来，但已改名为《龙龛手鉴》，并且是宋代翻刻本。

二、金代的刻书事业

女真族是中国最古老的民族之一。12 世纪初，女真灭辽，建立了与南宋对峙的金朝，金朝以今北京为中心，在北方统治了近 120 年。

女真族是骁勇善战的游牧民族，在北方的统治时期，国家对于思想文化建设，却是比较重视的。早在金太祖天辅三年(1120 年)

就颁布了女真文字，并注重学习，接受儒家学说思想，加强社会精神道德方面的宣传教育。政府机构中设置有弘文院，专门负责翻译、校勘儒家经典。金世祖曾对群臣一再令人翻译五经，正是为了叫女真人懂得仁义道德之所在的道理。出于其巩固政权、培养服务于政府的有用人才，统治者接受辽代的经验，兴办学校，提倡发展教育事业。天德三年(1151 年)置国子监，进士课目兼采唐、宋而增减。所授经史课程，都由国子监印版之后，颁交各个学采用，全面吸收汉族传统文化思想教育。据金史记载，金代的皇帝大多读经习史，注意提高本身的文化素养和统治国家的能力。熙

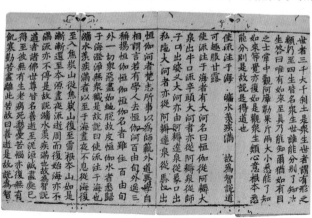

宋刻《碛砂藏》

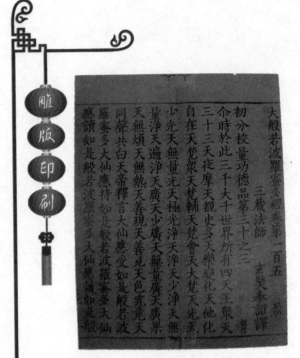

宋靖康元年刻思溪藏

宗曾感叹自己读书少，认识到"孔子虽无位，其道可遵，使万世景仰"，因此亲祭孔庙，日夜攻读《尚书》、《论语》、《五代史》、《辽史》等著作。哀宗时曾于内庭设置益政院，选派学问渊博之硕儒名师，每日上值，准备随时给皇帝讲解、辅导《书经》、《通鉴》、《贞观政要》等经史著作。

金代政府对于图书典籍的收集与保藏十分重视。早在太祖天辅五年(1121年)就曾说："若克中京，所得礼乐，仪仗图书文籍，并先次津发赴阙。"1125年金灭辽后，收得辽代皇室的全部藏书，首先以此充实了金政府的藏书。太宗天会四年(1126年)，完颜晟等攻克宋朝都城开封，第二年，将掳获的徽、钦二帝与宋皇室四百余人及宋代大批图书文物押送到北方。金与宋议和时，还把索取三馆、秘阁藏书作为条件。宋朝派鸿胪寺官员押送佛经、道藏书版以及国子监、秘书监官员押运监版书版和馆中书籍送往金国。宋代政府藏书及所刻书版几乎被金全部索取而去。除了极力收取宋代现有藏书之外，金政府对于《崇文总目》内所阙书籍，也下令予以购求补充，并广泛收购民间藏书。如果藏书家珍惜自己的书籍，不愿意售卖，政府还承诺借抄之后原本归还本人。一方面收书、购书，一方面不断翻译、刻印书籍，金代政府藏书于是得以迅速增加，社会上的图书资源也日渐丰富。

金代的刻书地区是比较广泛的。如中都路(北京)，南京路(汴京)，今山西的平阳、解州、榆次，河北宁晋，陕西的华阴，都有图书的雕版印刷。北方一带逐渐成为金代的刻书中心，尤其以平阳最为繁荣发达。平阳又称平水，地理条件优越，土地肥沃，物产丰富，又未遭兵患，从金代初期就升为上府，经济文化比较发达，素有"衣冠文物甲于河东"之称。此外，宋高宗南渡，迁移至北方的书肆来到平阳，书坊荟萃于此，为印刷事业的发展增添了新的力量。有些著名的书坊在这里经营时间十分长久，往往子继父业，世代相沿。如晦明轩张氏、中和轩的王氏等，在金代灭亡后，他们继续刻书，影响深远。直到元朝，平阳仍是全国刻书事业最发达的地区之一。

金代刻书多据宋版。金灭宋时，将宋代政府藏书和版片全部取走，许多书籍和书版可以继续刷印。金代国子监的刻书有不少是据宋监版所印的，民间刻书也多据宋代善本。如收入《中国版刻图录》的《壬辰重考证吕太尉经进庄子全解》、《南丰曾

子固先生集》等金代刻本，都源出自北宋旧版。宋代的许多优秀图书版本，几经兵乱，大都散佚流失，经过金人继续翻刻，使得宋代书籍得以保存流传，无疑对保存古代文献典籍贡献不小。金代刻书的内容，除经史、诸子之外，医书、类书、字书、诗文集的刻印比前代要多，更有佛教、道教经典的大规模的刊刻。可以说，各类学科书籍的印刷品种是很丰富的。金代刻书在内容版本上也多据宋刻，不仅品种丰富、形式多样，而且在刻书技术上也继承了宋代的传统，态度认真严肃，写绘工整，雕印技术精湛。在版画方面的雕印绘刻也十分精致细腻，艺术水平和技术水平都达到

宋刻《开宝藏》

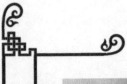

《金藏》

了相当高的境界。

金代的官刻书，据《金史》记载，由国子监刻印后颁布学校。曾印经史20余种以及《老子》、《荀子》等子部书籍。其他政府部门及书籍出版管理机构，自然也刻印书籍。可惜这些刻本，今都不传，详情已不可考。相比之下，金代的民间刻书倒有少量流传。金代的刻书已知的有，《新刊补注铜人腧穴针灸图经》五卷，金世宗大定二十六年(1186年)书轩陈氏刻本。《重刊增广分门类林杂说》十五卷，平阳王朋寿撰，金大定二十九年(1189年)平阳李子文刻本。《新刊图解校正地理新书》十五卷，金章宗明昌三年(1192年)张谦刻本。《道德宝章》一卷，金哀宗正大五年(1228年)

平水中和轩王氏刻本。《南丰曾子固先生集》，金代平水刻本。《壬辰重考证吕太尉经进庄子全集》，金世宗大定十二年(1172年)平水翻刻本。《新修累音引证群籍玉篇》三十卷，金平水刻本。《刘知远诸宫调》，金平水坊刻本。《崇庆新雕改并五音集韵》，金崇庆元年(1212年)河北宁晋荆珍刻本。《大方广佛华严经合论》卷第六、第四十一，金熙宗皇统九年(1149年)山西太原府榆次县刻本。《西岳华山志》，金大定二十三年(1183年)陕西华阴刻本。《重修政和经史证类备用本草》三十卷，平阳府张存惠晦明轩刻本。《丹渊集》，金章宗泰和六年(1206年)晦明轩张氏刻本。《尚书注疏》二十卷，平水刘敏仲编刻。《增注礼部韵略》，金正大六年(1229年)平水王文郁刻本。

《四美人图》、《关羽图像》是金代平水刻印的两幅版画系俄国人柯兹洛夫在甘肃张掖黑水城发掘西夏遗址时所获得的宋、金、西夏珍贵文物中的两件，已经被窃往俄国，现存于列宁格勒博物馆。这两幅版画镌刻人物形象逼真，栩栩如生，雕绘技术精良，而且两幅版画各具风格，反映了金代雕版艺术已达到相当高的水平。唐、宋时期的版画多为宗教佛像绘刻，金代已出现人物版画的刻印，标志着中国版画艺术已开始进入了新的阶段。

此外，金代也刊刻了佛藏和道藏。金代佛藏，是金熙宗皇统九年（1212年）在山西解州天宁寺开始刊刻的，到世宗大定十三年（1173年）刻印完成。这部大藏经二十世纪世纪三十年代在山西赵城县广胜寺内被发现，因此称为《赵城广胜寺藏》，也称《赵城藏》或《金藏》。它是根据宋《开宝藏》和部分官刻佛经为底本，历经三十多年刊刻完成的，相传是民间信徒崔法珍断臂募刻。据考证，《金藏》总数应为七千余卷，现存四千卷。藏经包括佛教传入后到金代以前在中国流传的佛教经典，价值重大。北京故宫博物院、北大图书馆、上海图书馆、南京图书馆等均有少数零卷收藏，近年来山西地区不断有人捐献藏于民间的《金藏》零卷，《赵城藏》的现存数目还在不断增加。

《金道藏》，全称《大金玄都宝藏》，共有约七千余卷。宋徽宗政和年间于福州雕版的《万寿道藏》，在靖康之变中被掠走，经版运至金东京。高宗南渡后，金人又取去遗留于汴京的经版，金章宗明昌元年（1190年）命道士孙道明加以补刻。《金藏》刻成后，版片藏在永乐镇纯阳万寿宫内。元世祖忽必烈崇信佛教，于

辽国的《辽藏》中的文字印刷

至元十八年下令将一切道教经典及版片全部焚毁，元代以前所刻的道藏几乎灭迹，传世幸存的仅有现存国家图书馆的《云笈七签》等几种。

第五节 元代的刻书

元代是中国历史上蒙古族统治者建立的王朝。蒙古族素以尚武著称，过着游牧生活，处于奴隶制社会，在经济文化等方面，落后于已经有数百年封建社会历史的中原汉族聚集地区。忽必烈在建立元朝的过程中，借鉴了金朝和宋朝的典章制度，为加速本民族封建制度发展的进程，巩固中央集权统治，在发展生产、促进思想文化建设方面，制订了一系列的方针政策。

经济方面，重视发展农业，设立劝农司等专门机构负责掌管农桑事务，政府规定奖励耕种，惩罚怠惰，并采取和推广先进技术，兴修水利，保护耕地，鼓励垦荒。在思想文化方面，积极吸取、接受汉族文化，推行尊孔崇儒方针，在各地修建孔庙，皇帝亲自祭祀孔子。元朝的最高统治者带头学习经史，命令翻译儒家著作，还请名儒大师讲授汉文经典，要求皇室成员、郡臣百官都必须习读儒家经典，积极掌握儒家学说来治理国家。在政府中也任用儒士，如耶律楚材、赵复、许衡、姚枢等一批汉族或少数民族中的儒林名士都先后被委以要职。在他们的宣传、影响之下，儒家学说在元代得到进一步传播和发展。元代统治者还重视兴学立教，元世祖至元初年设立国子监，以儒学大师许衡为集贤馆大学士、国子祭酒，教授经学。在地方上也大力兴办学校，全国各路、府、州均设立儒学，与此同时，政府还鼓励兴办书院，作为正规学校的补充。太宗时建立了元代第一个书院——太极书院，由名儒赵复讲授经学。之后，仁宗时又命许衡主办鲁斋书院，宋代以来兴盛的书院教育成为传播儒家学说的重要基地。

元朝政府的这一系列经济文化政策，促进了元代社会、经济、文化、文学、艺术、科学技术等各个方面比较全面的发展，各学科领域内的新著作纷纷问世，在中国文化史上占有相当的地位。社会经济的繁荣，文化的发达，是元代雕版印刷事业发展的基础。元代在全国统治的时间虽然仅有八十余年，但印刷出版事业方面不但没有停滞不进，而且有了较大的发展，印刷技术本身也出现了新的突破。

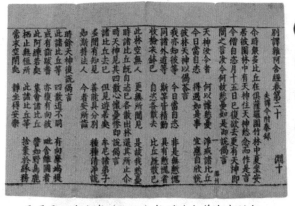

元至元二十七年（1290）杭州路大普宁寺刻本

1211年，蒙古国发动了对金战争，1234年灭金，统治了北方广大农业区，即所谓"汉地"。原来金朝统治地区内，燕京、平阳两地是图书出版的中心。燕京原名中都，是金朝都城所在，这个城市虽然遭受很大的破坏，但仍有一定规模的商业、手工业，刻版印书也没有中断。根据史料记载，耶律楚材在1228年在自己家中刊印了他的《西游录》；蒙古军灭金的那一年（1234年），

耶律楚材的老师燕京名僧万松所著的《释氏新闻》，也由其刊印出版，可见燕京当时仍有刻版印书的能力。名士姚枢自己在燕京刻书，还鼓动中书杨惟中、尚书田和卿等在燕京印书，由此可见私人印书在这一时期的燕京是颇为流行的。这一时期燕京刊刻的书籍流传至今的，只有赵衍在1256年刊印的唐代李贺的诗集《歌诗编》。

平阳在金代是重要的刻书中心，蒙古国时期平阳的印刷业仍在继续。全真道主持的规模很大的《玄都宝藏》，历时八年，于1244年在平阳玄都观完成。平阳张氏晦明轩在金代便以刻书闻名，这一时期继续出版各类书籍，有《重修经史证类备用本草》、《增

白云宗大普宁寺刻本

节标目音注精义资治通鉴》等书问世，并且流传至今。燕京、平阳之外，还有一些地方也在刻书，例如，1242年孔元措在曲阜刊印《孔氏祖庭广记》、1246年析城（属邓州，今河南邓州）郑氏家塾刊印《重校三礼图集注》等。但总的来说，这一时期文化凋敝，印刷的书籍为数不多，而且都是私人经营的。

元朝的印刷出版事业，可以分为官府、学校、民间和寺院四个系统，下面分别介绍。

一、官府刻书

元朝中央政府内设兴文署，是中央政府的正式出版机构，由署令、署丞负责出版事务，下设校理、楷书、掌记等工作人员，还有专门的雕字匠和印刷匠。兴文署据说曾刊印过《资治通鉴》和胡三省的《通鉴释文辨误》，但是因为史料缺乏，难以进一步研究。元朝后期，文宗图帖睦尔爱好中原传统文化，为此设置了奎章阁学士院、艺文监等机构，艺文监下设有广成局，负责传刻书籍。这也是一个官方正式的出版机构，但可惜相关史料也很少，从现有的记载来看，兴文署和广成局两个正式出版机构似乎没有刊印过多少书籍，元朝中央政府组织编纂的重要书籍，常常是指令各行省雕版印刷的。如《辽史》和《金史》修成之后，便命令江浙、江西两省雕印，并且各印造100部送到中央。《宋史》修成后，也由中书省指令江浙行省校勘雕印。御史台也曾将有关文书先后编辑成《宪台通纪》和《宪台通纪续集》两部书，前者命令南台雕印，后者则命令浙西廉访司雕印。这些书籍的刻印，都由中央委派各地方官员负责招募工匠，开工印造，

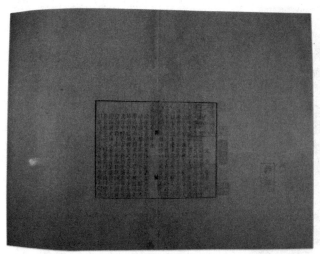

同时，中央一些机构也可以根据需要，通过中书省，指令行省印造某种书籍。如大德四年（1300年），太医院刊行的宋徽宗时纂修的一部医书《圣济总录》，就是由江浙行省派官员监督雕印的。司农司几次刊行重要农书《农桑辑要》，都是通过中书省奏请，交给江浙行省雕印的。以上中央刻书大多指定江浙行省承担，原因之一固然是江浙地区财力雄厚，但另一个重要原因，是江浙历来是雕版印刷兴盛的地区，刻工、印刷水平都较高，可以保证雕印书籍的质量。但总的来说，元朝中央政府刊印的书籍数量是有限的，地方

各级行政机构（如行省、路、府、州、县等）下面都没有专门的出版机构，一般也不过问书籍出版事宜，这一点来说，元代的官府刻书远不能与宋代相比。元代在书籍出版方面真正起着重要作用的是包括各级官学和书院在内的地方的学校。

二、学校刻书

1、儒学刻书

元朝政府重视学校教育，在各级地方政府都兴办儒学，各路、府、州都设学校，许多县也有学校。元朝的地方学校，一般都有学田和房产，可以收取地租和房租维持学校的各项开支。有的地方学校田产众多，除了日常开支外还有结余，就可以用来刻书。一般来说，路学规模较大，府、州、县学规模有限，有力量刻书的，主要是路学。

元代各路儒学刻书包括：

经部：中兴路儒学至元十六年（1278年）刻的《春秋比事》

学校刻书

二十卷。赣州路儒学至元二十九年（1292年）刻的《南轩易说》三卷。武昌路儒学皇庆二年（1313年）刻的《大易辑说》十卷。临江路延佑六年（1319年）刻的张洽《春秋集传》二十二卷。婺州路儒学至元三年（1266年）刻的《论孟集注论证》十卷。

史部：太平路大德九年（1305年）刻的《汉书》一百二十卷。宁国路刻《后汉书》一百二十卷。瑞州路刻事务《隋书》八十五卷。建宁路刻的《新唐书》二百二十五卷。池州路大德五年（1301年）刻的《三国志》六十五卷。信州路刻《北史》一百卷、《南史》八十卷。杭州路至正三年（1343年）刻的《辽史》一百六十一卷、《金史》一百三十五卷、《宋史》四百九十六卷。

子部：庆元路后至元六年（1340年）刻的《玉海》二百卷，附《词学指南》四卷；泰定二年（1325年）刻的《困学纪闻》二十卷。平江路至正二十五年（1365年）刻的《吴师道校正鲍彪注战国策》十卷。龙兴路泰定四年（1327年）刻《脉经》十卷。

集部：嘉兴路至大四年（1311年）刻的《陆宣公集》二十二卷。漳州路至正元年（1341年）刻的陈淳《北溪先生大全文集》五十卷。扬州路至元五年（1339年）刻的《马石田文集》十五卷。

以上记载可以说明，元代儒学刻书不仅数量大，而且内容丰富，涉及各个知识门类，刻书地点也较普遍，而且多受中书省或各行中书省分派予以雕版刻印。地方儒学刻书可以以成宗大德年间所刻的"九路十史"为代表。这次大规模的刻史活动始于大德九年（1305年），所谓"九路"，指的是宁国路学、徽州路学、饶州路学、集庆路学、太平路学、池州路学、信州路学、广德路学和铅山州学，实际上是八处路学、一处州学。原计划刻十七史，但后来只完成了十史。

2、书院刻书

书院是学者讲学之所，始创于唐朝，宋朝趋于兴盛，进入元朝以后得到进一步发展。和地方儒学一样，书院也有学田，用来维持日常的开支，富裕的书院有余力可以刻书。元代的书院刻书，由于经费充足，主持书院的"山长"大都是著名学者，因此书院刻本中有不少是内容文字、雕镂、印刷、纸墨用料均属上乘的佳品，在地方官刻书系统中更有影响。清代著名学者顾炎武，在谈论书院刻书之精的原因时说："山长无所事，则勤于校雠，一也；不惜费而工精，二也；版不贮官而易印行，三也。"清代版本学家叶德辉也曾说过："元时讲学之风大昌，各路各学

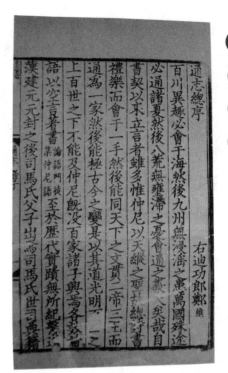

书院刻书

官私书院林立，故习俗移人，争相模仿。"如西湖书院刻的《文献通考》，字体书写优美，行款疏朗悦目，刻印俱精。东山古迁书院刻的《梦溪笔谈》，版心小、开本大、蝴蝶装，精巧别致，特色鲜明。广信书院刻的《稼轩长短句》，行书写刻，笔画圆润秀丽，流传最为广泛。这些都是元代书院刻本的代表作，是继宋本以后最珍贵的版本。

元代书院刻书有：庐陵兴贤

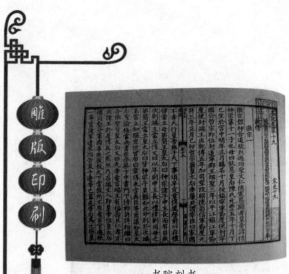

书院刻书

书院至元二十年（1300年）刻王若虚《滹南遗老集》四十五卷；广信书院大德三年（1299年）刻《稼轩长短句》十二卷。宗文书院大德六年（1303年）刻《经史证史大观本草》三十一卷。梅溪书院大德十一年刻《校证千金翼方》三十卷，泰定元年（1324年）刻马括《类编标注文公先生经济文衡前集》二十卷、后集二十五卷、续集二十二卷，元统二年（1334年）刻《韵府群玉》二十卷，后至元三年（1336年）刻《皇元风雅》三十卷。园河书院延祐二年（1315年）刻《大广益会玉篇》三十卷，延祐四年（1317年）刻《新刊笺注决科古本源流至论前集》十卷、后集十卷、续集十卷、别集十卷，延祐七年（1320年）刻《山堂考索》

前集六十六卷、后集六十五卷、续集五十六卷、别集二十五卷，泰定二年（1325年）刻《广韵》五卷。西湖书院泰定元年（1324年）刻马端临《文献通考》三百四十八卷，至正二年（1342年）刻苏天爵辑《国朝文类》七十卷，二十三年（1362年）刻宋岳珂《金陀粹编》二十八卷、续集三十卷。龟山书院元统元年（1333年）刻《李心传道命录》十卷。建安书院至正九年（1349年）刻赵居信《蜀汉本末》三卷。豫章书院至正二十五年刻《豫章罗先生文集》十七卷。南山书院至正二十六年刻《广韵》五卷。梅隐书院刻《书集传》六卷。雪窗书院刻《尔雅郭注》三卷。

除了各路儒学和官办书院，在元代重视教育的背景下，私人书也院逐渐兴起，也从事刻书活动，所刻书籍如方回虚谷书院大德三年（1299年）刻《筠溪牧潜集》七类不分卷。茶陵东山陈仁子古辽书院大德三年（1299年）刻《增补文选六臣注》六十卷，大德九年（1305年）刻沈括《梦溪笔谈》二十六卷。詹民建阳书院大德年

书院刻书

间刻《古今源流至论前集》十卷、后集十卷、续集十卷、别集十卷。潘平山山圭书院至正八年(1348年)刻《集千家注分类杜工部集》二十五卷。刘氏梅溪书院刻《郑所南先生文集》十六篇一卷。郑玉师山书院自刻《春秋经传阙疑》四十五卷等。

三、私家刻书

在政府刻书风气影响之下，元代民间出版事业相当兴旺。当时的民间出版事业可分私宅印书和书肆印书两种，而以书肆为主。私人刻书家有所增加，刻印书籍品种齐全，质量也在不断提高。以地区而言，元代民间出版业最发达的地区是福建的建宁路，特别是建宁路下辖的建阳县（今福建建阳市），在中国出版史上享有盛名的麻沙和书坊（即崇化）就在这里。建宁古称建安，早在南宋时期就是有名的刻书中心。到了元代，建阳书坊继续发展，有名称可考的就有将近四十家，其中著名的有余氏勤有堂、刘氏翠岩精舍、刘氏日新堂、虞氏务本堂、郑氏宗文堂等。余氏勤有堂在南宋就已经是坊刻中的佼佼者，发展到元代，仍是当地出版业的翘楚。除了建阳之外，在杭州、大都、平阳等地，也都有相当规模的书坊。

私宅刻书，或称家刻，这种刻书方式在中国由来已久。前面说过蒙古国前期耶律楚材家中曾自行刻书，元朝统一以后，家刻仍然存在，一般采用"家塾"的名义。元代前半期私家刻书有，

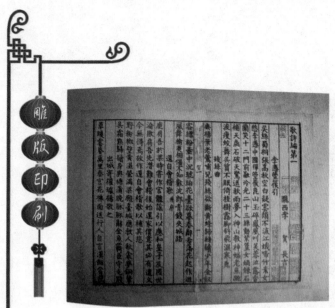

官府刻书

刘震卿刻《汉书》一百二十卷。至大三年 (1310 年) 龙山赵氏国宝刻《翰苑英华中州集》十卷。皇庆二年 (1313 年) 平水高昂霄尊贤堂刻《河汾诸老诗集》八卷。延祐四年精一书舍刻《孔子家语》三卷。

元代后半期主要的私人刻书有：至治二年云衢张氏刻《宋季三朝政要》六卷，刘时举《续宋中兴编年资治通鉴》十五卷，李焘《续宋编年资治通鉴》十八卷。泰定四年 (1327 年) 刘君佐翠岩精舍刻胡一桂《朱子诗集传附录纂疏》二十卷，王应麟《三家诗考》六卷。天历二年 (1329 年) 刻《新编古赋解题前集》十卷、后集八卷。至正十四年 (1354 年) 刻董鼎《尚书辑录纂注》六卷，宋郎晔注《陆宣公奏议》十五卷；十六年 (1356 年) 刻《大广益会玉篇》三十卷。天历元年 (1328 年) 建安郑明德宅刻陈灏《礼记集说》十六卷。天历三年 (1330 年) 陈忠甫宅刻《楚辞朱子集注》八卷、《辨证》三卷、《后语》六卷。

元初岳氏荆溪家塾刻《春秋经传集解》三十卷。世祖中统二年 (1268 年) 平阳道参幕段子成刻《史记集解附索引》一百二十卷。至元二十六年 (1289 年) 熊禾武夷书堂刻胡方平《易学启蒙通释》二卷。至元三年 (1266 年) 渔山道人田紫芝淑英家塾刻《山海经》十卷。至治元年 (1321 年) 刻《四书疑节》十二卷。元贞二年 (1296 年) 平阳府梁宅刻《论语注疏》二十卷。大德三年平水曹氏进德斋刻巾箱本《尔雅郭注》三卷。大德八年 (1304 年) 孝永堂刻《伤寒论注解》十卷。大德十年 (1306 年) 平水许宅刻《重修政和经史证类备用本草》三十卷。大德十年 (1306 年)

天历元年 (1328 年) 范氏岁寒堂刻《范文正公集》二十卷、别集四卷。后至元五年 (1345 年) 沈氏家塾刻赵孟𫖯《松雪斋集》十卷、外集一卷、附录一卷。至元三年 (1343 年) 复古堂刻《李长吉歌诗》四卷、外集一卷。至正二十年 (1360 年) 南山书塾刻赵访《春秋属辞》十八卷、《春秋左传补注》十卷、《春秋师说》三卷。至正二十三年 (1363 年) 丛桂堂刻《通鉴续编》二十四卷。至正十二年 (1352 年) 崇川书府刻李廉《春秋诸传会通》二十四卷。至正二十四年 (1364 年) 西园精舍刻元仇舜臣《诗苑珠丛》三十卷等。

元代私家刻书，质量较高的为数不少。如平阳府梁氏刻《论语注疏》、平阳曹氏进德斋刻的《尔雅郭注》等书籍，雕刻极精，不下于宋版，为元代私人刻书中的优秀典范。

四、书坊刻书

元代的坊刻书比官刻、家刻本数量多、规模更大，流传比较广远。福建建宁府是书坊聚居的地方，刻书最多，而建阳、建安两县尤为出名，这是沿南宋风气发展下来的。刻书较多的书坊，如建安虞氏务本堂，至元十八年 (1281 年) 刻《赵子昂诗集》七卷，泰定四年 (1327 年) 刻元萧镒《新编四书待问》二十二卷，至正六年刻《周易程朱传义》十四卷，附吕祖谦《音训毛诗朱氏集传》八卷。务本堂有一百多年的刻书历史，从元初到明初，持续刻书、卖书，是元代著名的书坊之一。又如刘锦文日新堂，后至元四年 (1338 年) 刻俞皋《春秋集传释义大成》十二卷，至正六年 (1346 年) 刻《汉唐事笺对策机要前集》

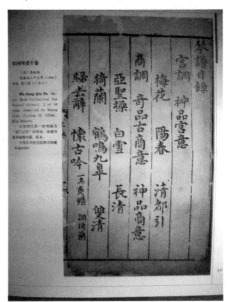

书坊刻书

书坊刻书

十二卷，至正七年(1347年)刻朱倬《诗经疑问》七卷、附录一卷，至正八年(1348年)刻汪克宽《春秋胡氏传纂疏》三十卷，至正九年(1349年)刻元赵麟《太平金镜策》八卷，至正十二年(1352年)刻刘瑾《诗传通释》二十卷，至正十六年(1356年)刻《新增说文韵府群玉》二十卷等等。刘氏日新堂刻书多在元代的稍后时期，至正期间差不多每年一部刻本，至明初刘氏刻书活动仍在继续。

元代坊间刻书最著名的，还要数建安余氏勤有堂。余氏勤有堂自宋代以来就是坊刻的大家，进入元代，余氏的刻书活动又有了新的发展。今知的余氏元代刻书有至大四年(1311年)刻《分类补注李太白诗集》十五卷，延祐元年(1314年)刻《集千家注分类杜工部诗》二十五卷，延祐五年(1318年)刻《书蔡氏传辑录纂注》六卷，至元元年(1336年)刻《国朝名臣事略》十五卷等。继余氏之后，有叶日增、叶景逵的广勤堂，刻书也很多，并且获得勤有堂许多版片。他们得到余氏的版片后，将原勤有堂的牌记剜去，另刻"广勤堂新刊"木记。当作本家新刻的书籍流通，这是坊间刻书版片流传过程中一个常见的现象。

此外，郑天泽宗文书堂也是元代经营刻书时间较长的一家书坊。今知郑氏刻书有至顺元年(1330年)刻元刘因《静修集》二十二卷、《补遗》二卷，《增广太平惠民和剂局方》十卷、《指南总论》三卷。郑氏宗文书堂也是长期从事雕版印刷业，从元代后期至明嘉靖间，均有刻书印书流传，时间近二百余年。此外，建安高氏日新堂、陈氏余庆书堂、双桂书堂、南涧书堂、朱氏与耕堂、同文堂、万卷堂，大多是建安书肆，也都有经学、医药、诸子、文集等各类书籍传世。

除了上述比较集中的地区之外，元代其他各地也都广泛存在刻书印书的书铺，今知的有燕山窦氏话济堂至大四年 (1311 年) 刻《新刊黄帝明堂针灸经》一卷，《伤寒百证经络图》九卷，南唐何若愚《流注指微针赋》、《子午流注针经》三卷、《黄帝明堂针经》三卷，宋庄绰《灸膏肓腧穴法》一卷。庐陵胡氏古林书堂至元十六年 (1278 年) 刻《新刊补注释文黄帝内经素问》十二卷，《新刊黄帝灵枢经》十二卷，《增广太平惠民和剂局方》十卷，《指南总论》三卷，《图经本草》一卷。庐陵泰宇书堂至正三年 (1337 年) 刻《增修妙选群英草堂诗余前集》卷上、《后集》卷下等。

书坊所刻的书籍，无论品种或数量都要多于官府和儒学、书院刊书。书坊所刻印的书籍是用于售卖获利的，因此有相当一部分是为了节省成本或者抢占市场粗率制作的，其刻版、印刷、纸张、装帧的质量都比较差，价值往往低于儒学和书院刻本。但是由于年代久远，存世不多，这些书籍还是具有很高的价值。

五、元代的宗教印刷

元代统治者除了大力提倡汉文化，还积极倡导宗教，宗教经

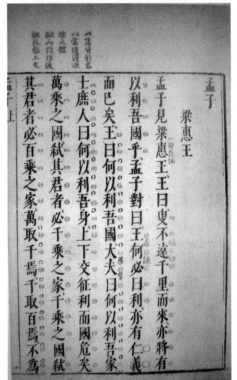

书坊刻书

典的刻印在元代也颇为兴盛。元太宗九年 (1237)，道士宋德方、秦志安搜求遗经，计划重刊《道藏》。于元乃马真皇后称制的第三年 (1244) 完成，历时八年，共七千八百余卷，仍取名《玄都宝藏》，经版存於平阳玄都观。元世祖至元八年 (1281)，诏令焚毁除《道德经》以外的其余《道藏》经文印板，《玄都宝藏》经版也遭到焚毁，藏经因此亡佚许多。

元代佛教经典的刻印很多，

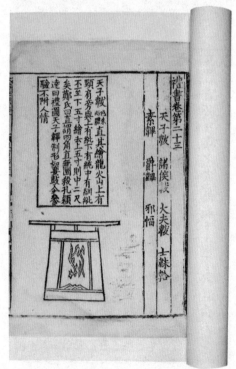

元至正七年 (1347) 福州路儒学刻本

最有名的一种是《普宁藏》。《普宁藏》是余杭（今浙江余杭）南山大普宁寺刊刻的一种藏经。普宁寺是白云宗的一所寺院，元朝灭南宋后，白云宗领袖争取到皇室和国师的支持，向信徒募捐，用十余年时间，雕刻经版，印刷流通。《普宁藏》一共有 560 函，5368 册。除了《普宁藏》，元代南方还有两部大藏经版。一种是《碛砂藏》，它是南宋时期开始，由平江府陈湖（今属江苏吴县）碛砂延圣寺刊印的一种藏经，开始由民间捐助，僧人负责，入元以后，得到地方官员的赞助，补刻部分经版，刊印流通。另一种《毗卢大藏经》，是福建建宁路建阳县报恩万寿堂刊印的，报恩万寿堂是白莲宗的寺院。

元代各地的寺院除了刻印汉文大藏经之外，还用蒙古文、西夏文和藏文刻印佛经。元武宗至大年间，曾根据藏文《大藏经》翻译并刻印了一部蒙文的《大藏经》。此外，元世祖忽必烈还曾下令刊刻河西字（即西夏文字）、吐蕃字（即藏文）的藏经经版。

西夏文的《大藏经》开雕于至元初年，大德十年（1306年）完成，共3600多卷。藏文的《大藏经》据说是在西藏的扎布伦寺西南的奈塘寺刊刻的。

六、元代刻书特点

元代统一中国后，接受汉族文化传统，尊孔崇儒，兴学办教，从以上对元代出版事业的简要描述可以看出，朝代的更替并未导致印刷事业的衰落，元代出版事业仍有发展。

从刻书地区来说，元代在宋、金刻书地区分布的基础上有了更广泛的发展，但是仍然以福建建阳和山西平水两个地区最为繁荣。浙江、江西自宋代以来就是刻书比较发达的地区，元代许多中央官刻书都是奉诏下杭州刻版的。此外，江南、江东、湖广各地在刻书方面也都有所发展。自元世祖将经籍所从平阳迁到大都之后，北京的刻书事业又兴旺起来，逐渐成为北方的刻书中心。

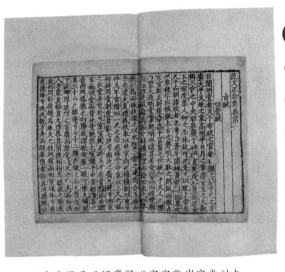

元天历至正间褒贤世家家塾岁寒堂刻本

从刻书内容来说，在宋辽金刻书内容发展变化的基础上，元代刻书内容仍在许多方面更加突出。比如由于政府大力提倡发展农业生产，因此大量的收集和编纂农业书籍，如《农书》、《农桑辑要》等，都曾大量刻印，并且颁布民间。与此同时，随着学术的进一步发展，典籍的注释本逐渐增多，纂图互注经书和子书、韵书，以及各种经书的新注、史书的节录、科举应试的参考用书、模范文章选集等，刻印的数量都很大。尤其值得一提的是，私家刻书及书坊刻书中，医书的数量增多了。如建安余氏勤有堂曾刻印了《太平惠民和剂局方》、《新编妇人大全良方》、《普济本事方》等多种医书。燕山窦氏活济堂和胡氏古林书堂更像是专门刻卖医书的书籍铺。大部头的类书也是元代刻书最多的一种，如西湖书院刻的《文献通考》，庆元路刻的《玉海》，园沙书院所刻的《山堂考索》，以及武溪书院刻的《事文类聚》，还有抚州路刻的制度史名著《通典》等等，都是为后人称道的大部头刻本。另外，元代文学也有了新的发展，随着这种新变的出现，元人的诗文集、杂剧、小说的刻印也日益增多，而且出现了上图下文的插图本戏曲、话本，如建安虞氏刻印的《虞氏平话》五种等。

元代刻书的字体有 3 个明显的特点，一是刻书字体多用赵体字。赵体指的是元代大书法家赵孟𫟃页的字体。赵孟𫟃页字子昂，本是宋代皇室的后裔，擅长书法和绘画。赵体字圆润秀丽、外柔内刚，骨架挺劲有力，在元代印象很大。元代刻书，无论官刻或私刻，所用字体基本都是赵体字的风貌，这种风气一直延续到明初。二是元版书中不避讳。元代是少数民族建立的国家，礼制的观念比较淡薄，所以元刻本中几乎见不到避讳的痕迹。三是刻书中多用俗字。这种现象，在官刻、私家刻书中比较少见，在坊刻本中比较多。在经史文集等正统著作中比较少，在类书、小说、戏曲书中比较多。元代政府把蒙古新字作为通用国字，对汉字的书写传刻要求并不十分严格。加上书坊刻书的目的在于营利，从商业角度出发，力求做到出书快、成本低，因此在刻书中还经常简化一些笔画繁琐的汉字，如"無"常刻作"无"、"龐"常刻作"庞"，"馬"常刻作"马"等，也可以看做是元刻本的一个特点。

从书籍版式方面来说，元代初期刻书版式接近宋本的字大行宽，疏朗醒目，多为白口，左右双边。中期以后逐渐发生变化，版式行款逐渐变得紧密，字体缩小变长，左右双边也多改为四周双边，多是黑口。目录和文内篇名上常刻鱼尾，多为双鱼尾或花鱼尾。版心记卷数、字数、叶数、刻工姓名，私家刻书或坊刻本，书内多刻有牌记。如皇庆元年刻本《佩韦斋文集》，它的版式是半叶11行，行19字，小黑口，四周双边。至正间刻本《金陵新志》的版式是半叶9行，行18字，大版心，细黑口，四周双边，版心记字数和刻工。这样的版式是比较典型的元刻本。

元代书籍在装帧形式上出现了新的变化，就是由蝴蝶装演变为包背装。但这个演变并非一蹴而就，而是经过了长期与蝴蝶装并存的时期，最后成为了装帧形式的主流。

第六节　明代的刻书

朱元璋建立明王朝后，首先面临的是怎样使社会秩序恢复正常，怎样使人民生活得以安定，以及使社会生产得到恢复和发展。明代建立之前的状况，是元统治者压迫剥削农民，再加上连年战争，使得农民饱受痛苦，人口急剧下降，这种社会状况显然不利于新的统治者。于是，朱元璋上台初始，便颁布一系列农民休养

知识小百科：

元代藏书：元代宫廷的藏书是由秘书监管理的。秘书监有秘书库，至正二年统计秘书库的藏书约有2400部，2.4万册，另有书画两千余轴。当时的翰林国史院、弘文院、集贤殿也各有藏书。元代较为有名的藏书家有赵孟𫖯、袁桷、倪瓒等。赵孟𫖯不仅是著名的书画家，藏书也十分丰富，其中又以宋版两《汉书》最为有名。赵孟𫖯还总结了藏书读书之法，陈继儒《读书十六观》："赵子昂书跋云：'聚书藏书，良非易事。善观书者，澄神端虑。静几焚香，勿卷脑，勿折角。勿以爪侵字，勿以唾揭幅。勿以作枕，勿以夹刺。随损随修，随开随掩。后之得吾书者，并奉赠此法。'"可见其对藏书的喜爱。

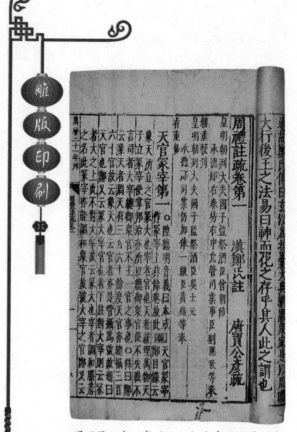

明万历二十一年（1593）北京国子监刻本

的基础。随着手工业的发展和恢复，造纸业和造纸技术也得到了促进和发展。据《天工开物》记载，明朝的造纸业对选料、配料等一系列工艺都探索出一套细密的方法，有不同的要求。这种高超的造纸技术，为刻书事业提供了必要的物质条件和前提。

生息的政策。在这一系列的政策刺激下，明朝初期六七十年间，社会生产恢复到了一定水平，已经初步显示出繁荣的迹象。对于手工业，明朝初期的政策也比较宽容，允许工匠从事自己的生产，并且允许其在市场上进行自由交易，这样，手工业在新政的刺激下，也迅速恢复和发展起来。

农业和手工业的发展是第一步，为明朝其他事业如文化、教育、科学以及军事等的发展打下良好

明朝建立初期，社会秩序尚未完全稳定，并且少数民族政权各自为政，中央与地方的关系问题也十分突出，这一切使得明初统治者格外重视思想控制，他们认为，要进行思想整合，赠书是一个有效的途径。如太祖朱元璋，虽然自己学问并不高深，但是却对"武定祸乱，文致太平"的道理有着深刻的理解。朱元璋大历提倡儒学教育，全国各地方先后设立儒学院，所谓"教化之道，学校为本"，一时学风巨甚盛。与重视教育事业相配套的，朱元璋还特别制定了更为合理的纳贤招隐制度。在这样的政策下，一批批拥有独特思想的文人先后被招至朱元璋麾下。

对于刻书事业具有最大刺激

的一项，还是朱元璋"诏除书籍税"，"命有司博求古今书籍"的政策。在这一政策的刺激下，全国各地自上而下，都以刻书为风尚。今天我们之所以可以看到那么多明代的官刻私雕，与这条政策有着很大的关系。

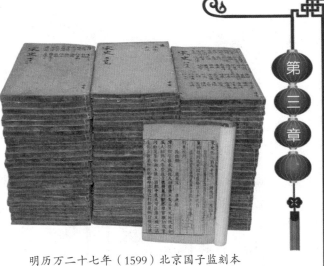

明历万二十七年（1599）北京国子监刻本

明代刻书机构之多，不论是刻书地域之广，还是刻书数量之大，或是刻书家之普遍，都超过了前代。

一、官府刻书

1. 明代中央机构刻书

明代政府十分重视各类书籍的编辑和刻印，除了国子监仍然是中央政府刻书的主要部门，政府其他各部也都设立了刻印书籍的部门，重点印刷与各部业务有关的书籍。明代的地方政府，尤其是各藩府的刻书也非常发达，可以说是明代刻书的一个重要特点。清代袁栋的《书隐丛说》描述明代"官书之风至明极盛，内而南北两京，外而学道两署，无不盛行雕造"，就是对这一时期

的官刻状况的贴切地描述。

秘书监刻书

秘书监刻书是从元代沿袭下来的旧传统，但是这种传统并没有在明代沿袭太久。洪武十三年（1380年）七月罢废秘书监，所藏古今图籍归翰林院典籍掌之。算下来，秘书监刻书在明朝延续了大约不到10年时间。但由于是在明初时期，因此明初的一些官方典籍，由其刻制的应该不少。

司礼监刻书

司礼监是明代皇室刻印书籍的主管部门，司礼监下设经厂，是专门掌管刻书及书籍版片的机构，印刷的书籍主要有佛藏、道藏以及各种皇室用书。根据嘉靖十年的一次统计，司礼监专门从

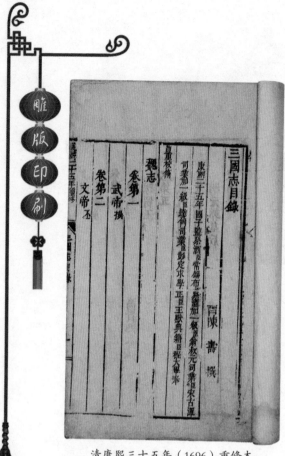

清康熙三十五年（1696）重修本

事刻书的有笺纸匠 62 名，裱背匠 293 名，摺配匠 189 名，裁历匠 80 名，刷印匠 134 名，黑墨匠 77 名，笔匠 48 名，画匠 76 名，刻字匠 315 名，总共有 1275 名。这样大规模的工厂在明代以前是未曾有过的，可见明代政府刻书规模空前。

司礼监经厂所刻的书籍，称为"经厂本"，其特点是版框宽大，行格疏朗，字大如钱，并且刻有句读（标点），便于阅读，十分

悦目。但是因为经厂是由太监所主持，他们大多学识不高，内容校勘未免不够精审，因此虽然外观悦目，但内容大多不善，因此不受学者重视。经厂本由于是皇室刻书，所用的纸墨皆选用上品，精工细刻，在它的影响下，明代其他官私刻书也都追求精写精刻，这在客观上提高了刻印的书籍水平。

国子监刻书

在中国封建社会历朝历代，国子监都几乎是常设机构，是封建国家的最高学府。明朝建立之后，自然也会设立属于自己王朝的国子监。明代的国子监是在元代集庆路儒学旧址上设立起来的，到了洪武十五年（1382 年）五月，

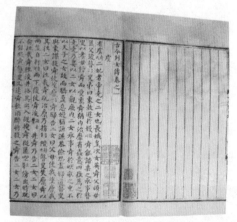

永乐元年内府刻本

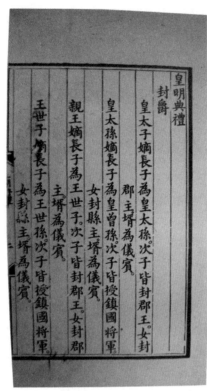

皇明典禮
封爵

皇太子嫡長子為皇太孫。次子皆封郡王。女封郡主。主壻為儀賓。

皇太孫嫡長子為皇曾孫。次子皆封郡王。女封縣主。主壻為儀賓。

親王嫡長子為王世子。次子皆授鎮國將軍。女封郡主。主壻為儀賓。

王世子嫡長子為王世孫。次子皆授鎮國將軍。女封郡主。主壻為儀賓。

建文刻本（局部）

新的国子监招纳贤才已成，正式建立成型。这就是所谓的南京国子监。南京国子监落成之后，它的主要工作首先是将元朝西湖书院和南京九路儒学的许多图籍旧版移为监藏。当然旧版重印并不是南京国子监的唯一任务，它还自己汇编刻印了很多书籍，例如《通鉴》、《通鉴纪事本末》、《通

鉴纲目》、《通志略》、《古史》、《南唐书》等。书法帖本印有虞世南、欧阳询等人的《百家姓》、《千字文》等。其他的还有《天文志》、《营造法式》、《农桑撮要》、《栽桑图》、《算法》、《河防通议》、《大观本草》、《脉诀刊误》、《寿亲养老新书》、《文献通考》、《通典》等，可谓种类繁杂。据记载，南京国子监前后刻书多达100余种。如此大的刊印量，得益于南京国子监有着大批的工匠，而且一些监生也直接参与了校对、写样甚至动手刻字的任务。

上面说的是南京国子监，而至于北京国子监，则是随着北京新都的营建，在永乐间一并设立起来的。一般来说，北京国子监

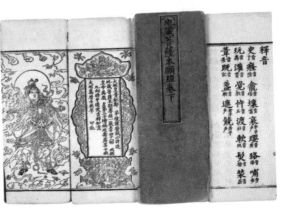

明万历二十年、二十六年（1598）内府刻本

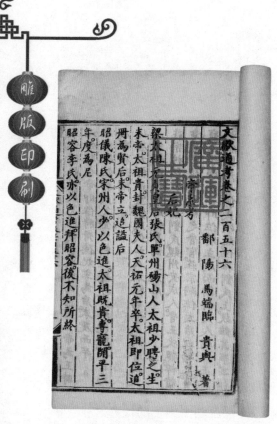

雕版印刷

明嘉靖三年（1524）司礼监刻本

刻书数量不及南京国子监多，质量也不如南京国子监好，但据资料记载，北京国子监刊印的书目也有 80 种上下。

詹事府刻书

明代詹事府的詹事，掌握统筹着府、坊、居之政事，以辅导太子。在此机构下面，设置有司经局，其内又有复杂的格局。而司经局是一个服务于东宫的文化机构，据记载："洗马掌经史子集、制典、图书刊辑之事，立正本、副本、贮本，以备进览。凡天下图册上东宫者，皆受而藏之。校书、正字、掌缮写、装潢、诠其讹谬而调其音切，以佐洗马。"

都察院刻书

明代的官制沿用旧制，但有所改变，改变后的明代都察院成为了单纯的监察机构，其下设的经历司、司务厅等机构，在明代都曾从事刻书。这是不常有的现象，之所以会有这样一个现象，恐怕与前面提到的当时明代的一些政策有关，比如免除书籍税、重文轻武等。而且在明代中期之后，资本主义已有所萌芽，出书有利可图，自然也成为一个促进出版业发展的条件。

太医院刻书

明代太医院刻书多与医术有关，现在所了解的，当时明代太医院刻书有《铜人针灸图》、《医林集要》等。

礼部刻书

一切礼仪制度在礼部掌管范围之内，而礼部也是封建社会中中央六部之一。洪武二十四年（1391 年），朱元璋亲自命令礼部印刷《通鉴》、《史记》、《元史》等书，赐予诸王。洪武二十八年（1395年），《皇明祖训》收稿，也是由礼部进行刊印发行的。另外，礼部还刊发过《五经四书大全》、《性理大全》、《大狩龙飞录》、《大礼集议》、《素问钞》、《医方选要》等书籍。

除了以上一些机构，在明代的刻版印刷还有兵部刻书、工部刻书、史局刻书等。

2.明代地方机构刻书

明代的中央机关刻书已经相当繁荣了，而明代的地方刻书比此更甚。根据周弘祖的《古今书刻》记载，明代各地方机关刻书总量达到2000种以上。

布政使司刻书

布政使司是明代地方一级的行政机构。永乐三年，福建布政司以元至正间浙江行中书省所刊《任松乡先生文集》为底本重刊，称为《元松乡先生文集》十卷。嘉靖九年（1530年）山东布政使司刻印王祯《农书》三十六卷；隆庆四年(1570年)，该司又刻印薛瑄《薛文清公要语内篇》三十卷、

《外篇》一卷；嘉靖十三年(1534年)江西布政使司刻印《苏文忠公全集》一百一十一卷、《年谱》一卷；万历七年(1579年)该司又刻印《山谷老人刀笔》二十卷；嘉靖十四年(1535年)浙江布政位司刻李文利《大乐律吕元声》六卷；万历三十年(1602年)陕西布政使司刻印《秦汉图记》一部。上面所列举的书籍，是明代地方刻书现存可知的资料，当然，明朝当时刻印书籍的种类远远不止这些。

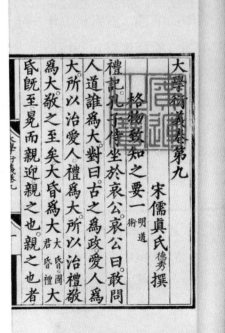

明嘉靖六年（1527年）内府刻本

明嘉靖六年（1527）明内府司礼监刻本

按察司、分巡道刻书

在明朝，这两个机构也是地方隶属，但只是监察机构。现在可以看到的，由当时这两个机构所刻印的书种，有嘉靖二十三年(1544 年)浙江按察司刊印的《大质六典》三十卷，广西江兵巡道刻的《校增救急易方》，正德十六年（1521 年）袁州府仰寒堂刻印的《周易本义》五卷、《图说》一卷、《五赞》一卷；嘉靖间青州府刻印的《皇极经世观物外篇释义》四卷；万历七年(1579年)青州府刻印的薛瑄《读书录》十一卷，《续录》十二卷，《薛文清公事实》一卷；嘉靖三十四年(1555 年)谁安府刻印的《前汉书钞》八卷、《后汉书钞》八卷；

万历十年(1582 年)保定府刻印的《李卫公望江南》一卷；崇祯十七年(1644 年)苏州府刻印的《祷雨文》一卷；正德四年 (1509 年)

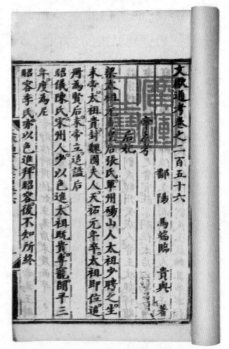

明嘉靖司礼监刻本

明正德二年（1507年）内府刻本

归德州刻印的《唐忠臣录》三卷；嘉靖二十一年(1552年)无锡县刻印的《唐雅》二十六卷等等。明代这两个地方机构所刻印的书种，据考有70种以上。

3. 明代的藩府刻书

明代藩府刻书之盛是其他朝代所少见的，是印刷史上一种特有的现象，也是明代地方政府刻书的一大特点。

所谓藩府，是明朝帝王分封的各个亲王府。明初，太祖朱元璋先后分封子侄25人为王，派驻全国各个重要的地区，但藩王没有地方行政权。后代帝王也都分

封皇室成员为藩王，于是藩王数量越来越多，形成了一个庞大的贵族集团。藩王大多并没有什么实际政务，但拥有大量的田产，俸禄丰厚，养尊处优。有些藩王喜欢读书治学，府中有大量的藏书，又富于资财，因此能够聚集一批文人学者，从事编书、校书和刻书的工作。最高统治者也希望诸藩王府的兴趣集中于声色犬马，或研究学问、出版印刷上，以维护中央集权和社会的稳定，在这些条件的催化下，藩府刻书逐渐成为一种风气。见于记载的明代从事刻书活动的藩府，刻书约500多种，以嘉靖、万历年间最为兴盛。藩府刻书，通常称为"藩本"或"藩府本"。

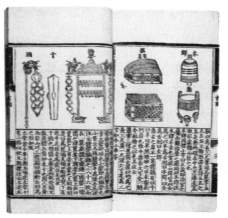

明正统十二年(1447年)内府刻本

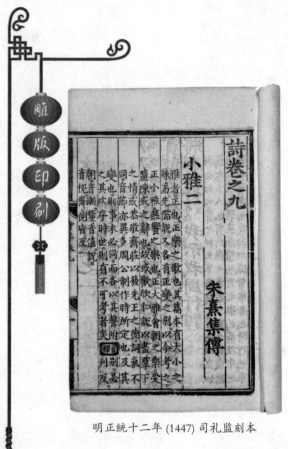

明正统十二年 (1447) 司礼监刻本

刻《宋文鉴》一百五十卷、《目录》三卷，八年 (1529 年) 刻《唐文粹》一百卷，嘉靖十三年 (1534 年) 刻《初学记》三十卷，十六年 (1537 年) 刻《元文类》七十卷，《目录》三卷等。

还有成都的蜀王府刻书，如洪武二十七年刻《自警编》九卷，刘向《说苑》二十卷。天顺元年刻《蜀鉴》十卷，《蜀汉本末》三卷，《寿亲养老新书》四卷，《广雅》四十二卷。成化十年刻《蜀王草书杂韵》五卷。成化十五年刻《刘文靖公文集》二十八卷。嘉靖十四年刻《史通》二十卷，方孝孺《逊志斋集》二十四卷。嘉靖二十一年刻张九韶《理学类

在藩刻当中，比较有名的有西安的秦藩刻书，如嘉靖十三年 (1534 年) 朱惟焯重刊过宋黄善夫本《史记集解索隐正义》一百三十卷，以宋代建安黄善夫本为底本，镌刻极为精审，可视为藩府本中的代表作。嘉靖二十九年 (1550 年) 刻印《天原发微》五卷，嘉靖三十六年 (1557 年) 刻印《至书》一卷，隆庆六年 (1572 年) 刻印《千金宝要》六卷等。晋藩刻书，嘉靖四年 (1525 年) 重刻元张伯颜本《文选注》六十卷，五年 (1526 年)

官府刻书

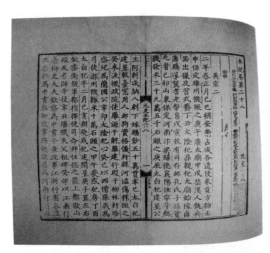

洪武三年内府刻本

编》八卷。嘉靖三十八年刻《洪武正韵》，万历五年刻《重修政和经史证类备用本草》三十卷等。

其他如宁府、代府、崇府、肃府、唐府、吉府、晋府、徽府、沈府、伊府、鲁府、赵府、楚府、辽府藩府也都有刻书活动。藩府刻书有一个特点，就是喜欢采用轩、堂、书院等名号，大多刻在牌记或中缝内。如晋府刻书就用过宝贤堂、志道堂、虚益堂等号，赵府刻书用过居敬堂、昧经堂、冰玉堂等，还有益府的乐善堂、崇府的宝贤堂、鲁府的三畏堂等。藩府本大多校勘精良，刻印美观，质量是当时刻印书籍中第一流的，历来被藏书家和学者所重视。

二、书坊刻书

明代的书坊刻书可谓蔚为大观。官刻的发达带动了坊刻的积极性，自洪武年间书籍税被免除以后，刻书事业获得了很大解放，明代统治者也极少干涉民间刻书，这也是促进坊刻发达的一个条件。

北京地区的私坊刻书

明永乐帝迁都之后，北京成为全国的政治、文化中心。但是

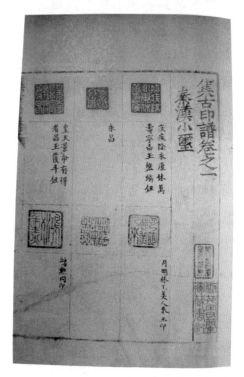

书坊刻书

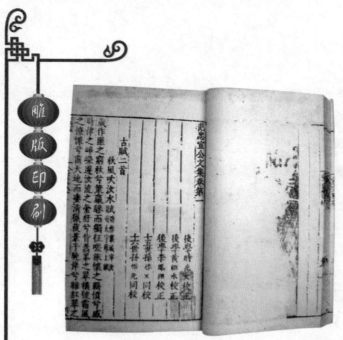

书坊刻书

明朝晚期，西洋的传教士相继来华，扩大传教。在北京，借助当时的书坊刻印，西方基督教经典被刻的数量也相当可观。

南京地区的私坊刻书

南京本是明朝国都，永乐帝迁都北京后，南京作为陪都的地位也保留了下来，机构没有多大变化。因此南京在有明一代，始终是北京之外的另外一个政治、文化中心。

南京的书坊据记载有50家以上，形成了一个刻书网，使得南京的刻书业相当发达。其中最有名的是唐氏的12家书坊。其中，唐对溪富春堂刻书最多，刊刻过元代陈浩的《礼记集注》十卷，明郑之珍的《新刻出相音注劝善目连救母行孝戏文》八卷，《新镌图像音注周羽教子寻亲记》四卷，《新刻出像音注增补刘智远白兔记》二卷，明姚茂良的《新刻出像音注张许双忠记》二卷，明汤显祖的《新刻出像点板音注李十郎紫箫记》等。唐振吾广庆

它的书坊刻书却不是全国最多，原因就是北京崇尚消费，而书坊多做经销生意，而并非自己刻印，有着鲜明的经商特色。但是其中也有一些自己进行刻印的书坊，例如永顺书坊，在成化七年至十四年（1471年—1478年）年印制了11种说唱词话，以及南戏《白兔记》。金台岳家书籍铺在弘治十一年（1498年）刊印了《新刊大字魁本全相参增奇妙注释西厢记》。金台汪谅书籍铺在嘉靖元年刊刻了《文选》李善注六十卷，嘉靖四年（1525年）又刊刻《史记集解索引正义》一百三十卷等。

堂亦是唐姓 12 家之一，刻有秦淮墨客校正的《新刻出像葵花记》二卷，《新刻出像点板八叉双杯记》一卷，明吴德修的《新刻出相音释点板东方朔偷桃记》二卷，以及《新编全相点板西湖记》等。除了唐姓的几家书坊外，周姓的 7 家书坊也很有名。从这些记载可以看出，小说和戏曲的刻印在坊刻中占有重要的地位，民间书坊能够敏感地洞悉各种社会风潮，出于营利的目的，大量刊印此类畅销书籍。

除了南京之外，南京直辖的一些地区受到南京的影响，其刻书业也非常发达。比如应天、凤阳、苏州、松江、常州、镇江、扬州、淮安、庐州、安庆、太平、宁国、池州、徽州、广德州、和州、徐州、滁州等十八府。其中苏州、常州、扬州、徽州几府的刻书最为发达。

福建刻书

从唐末开始，福建就已经成为我国刻书中心之一，宋元更是极为兴盛。其刻书历史的悠久和所刻书籍数量之多，都远非其他地区可以比拟，尤其是建宁府的建安、建阳两县。

到了明朝，福建地区刻书格局略有变化，建安书坊稍有败落，而建阳书坊则继之而起。在建阳的书坊多达 60 家左右。

前面屡次提到的余氏勤有堂，到了明代仍在从事刻书活动，如洪武十五年(1382 年)还刻印了《朱

书坊刻书

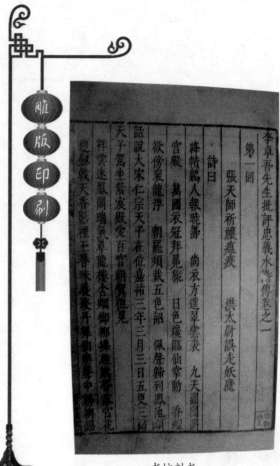

书坊刻书

文公校昌黎先生文集》四十卷。其他福建坊刻如永乐四年(1406年)叶氏广勤书堂刊印了《春秋胡氏传》三十卷,《春秋名号归一图》一卷,《诸国兴废说》一卷,《春秋二十国年表》一卷。宣德六年(1431年)杨氏清江书堂刊印了《唐韵》五卷。隆庆、万历间刊印了《资治通鉴纲目大全》五十卷。弘治十七年(1504年)刘氏安正书堂刊印了《通鉴一勺史意》二卷,此后还在嘉靖时刊印过金张元素《医学起源》三卷、元朱公迁《诗经疏义会通》二十卷,明戴璟《新编汉唐纲目群史品藻》三十卷。郑氏宗文堂嘉靖年间也刊印过《性理大全》七十卷、元吴澄《仪礼考注》十七卷等。

总的说来,经过宋元的积累和发展,这些建阳的书坊已经不单单是刻书匠户了,而是发展成为集编辑、出版和发行三位一体的书业商户。这种商户,能够敏锐地感触到市场上的需求动态,继而有的放矢地刻印适合当地市民口味的书籍,这样一来促进了文化的发展,二来也能够使得书坊运作长久,规模扩大。比如有位建阳的博学之士熊大木,他经

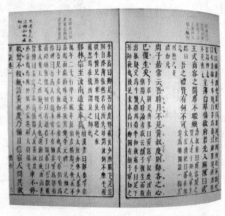

书坊刻书

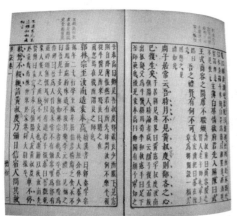

书坊刻书

营的书房叫忠正堂，就自编自刻了《全汉志传》、《大宋中兴英烈传》等大部头的小说，认为他是早期的出版作家也未尝不可。

浙江刻书

从历史上来讲，浙江本是我国雕版印刷术的发祥地之一，但是随着时代的变迁，浙江的刻书从宋朝开始日渐衰微，到了明代，这一势头仍旧没有止住，明代的浙江刻书，与南京、福建相比，还是有一定差距的。但毕竟浙江是有着刻书悠久传统和历史的地区，仍然不失为一个重要的书籍聚集地。

三、私家刻书

虽然明代一开始就有关于刻书的各种优惠政策和自上而下的

社会风气，但明初的私人刻书还并不发达，直至明朝中期，私人刻书才开始兴盛起来。正德、嘉靖年间，是私人刻书发展最快的时期，私人刻书家也在此一时期大量涌现。值得一提的是，此时翻宋、仿宋的刻书热潮，是首先在民间流行起来之后才影响到官府，可谓一场由下而上的潮流。

此间出名的私人刻书家如江阴朱承爵，正德十六年(1520年)刻唐杜牧的《樊川诗集》和《浣花集》。

明正德九年的举人，景泰二年的进士——游名，在天顺年间曾于福建任职。他曾翻刻元代中统刻本《史记集解索隐》一百三十卷，《宋史全文续资治

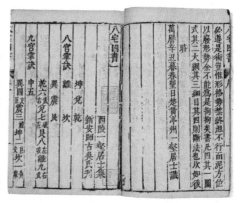

明万历三十年（1602年）怀德堂刻本

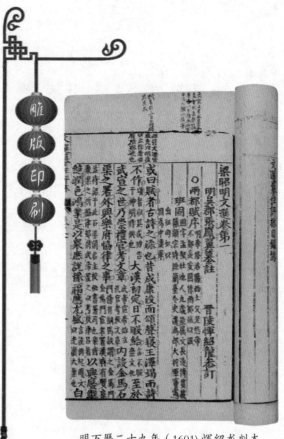

明万历二十九年（1601)恽绍龙刻本

通鉴》三十六卷等。代表了明代私人刻书的水平。

江阴涂祯。在明弘治十四年（1501 年）仿宋刻印九行本汉桓宽撰《盐铁论》十卷。

昆山叶氏绿竹堂。隆庆六年（1572 年）刻《陶谷清异录》十卷，隆庆五年（1571 年）刻《云仙杂记》十卷。

金台汪谅。嘉靖四年（1524 年）刻《史记集解索隐正义》一百三十卷。

震泽王延喆。嘉靖六年（1526 年）刻《史记集解索隐正义》一百三十卷。

吴县袁褧嘉趣堂。嘉靖十二年（1533 年）刻《大戴礼记》十三卷，嘉靖十四年（1535 年）刻《世说新语》三卷，嘉靖二十八年（1549 年）仿宋刻张之纲《文选六臣注》六十卷。

福建汪文盛。嘉靖二十八年（1549 年）刻《前汉书》一百二十卷，《后汉书》一百二十二卷，以及《五代史记》七十四卷等。

余姚闻人铨。嘉靖十八年（1539 年）刻《旧唐书》二百卷。

顾春世德堂。嘉靖十二年（1498 年）刻《六子全书》、《老子道德经》二卷，《华南真经》十卷，《冲虚至德经》八卷，《荀子》二十卷，《新纂门目五臣注》，《杨子法言》十卷，《中说》十卷。嘉靖十三年刻《王子年拾遗》十卷。

徐时泰东雅堂。刻宋廖莹中世彩堂本《韩昌黎集》四十卷。

吴县郭云鹏济美堂。嘉靖二十二年（1543 年）刻《分类补注李太白诗集》三十卷，嘉靖三十八年(1558年)刻《曹子建集》十卷，《河东先生集》四十三卷，外集二卷，附录二卷，集传一卷，后序一卷。

苏献可通津草堂。嘉靖三十八年(1559年)刻王充《论衡》三十卷，《韩诗外传》十卷。

晁宝文堂，嘉靖十三年(1534年)刻《昭德新论》三卷，晁冲之《兴茨集》一卷，嘉靖二十五年(1546年)刻晁说之《晁氏客语》一卷，《晁氏儒语》一卷，《晁回道院要集》三卷，《法藏碎金》十卷。

浙江钱塘洪清平山堂。刻《清平山堂话本》六种，收入较多宋元人短篇小说，对小说史研究极有帮助。分别为《雨窗》、《款枕》、《陡航》、《长灯》、《解闲》、《醒梦》。该书传世很少，只有其中零种流传，如北京大学收藏有《款枕》、《雨窗》二种。此外，还刻有《路史》、《唐诗纪事》、《绘事指蒙》，以及根据宋本翻刻的《新编分类夷坚志》等书。

到了明代后期，有名私人刻书家非常之多，其中产生一定影响的有，顾起纶、顾起经奇字斋，万历元年(1573年)刻自编《国雅》二十卷、《续国雅》四卷，附《国品》，以及《类笺唐王右丞诗集》等。此私家书刻非常有特点，他将一部书的写勘、雕板、刻印、装潢等各项环节工作的参加人员的姓名、籍贯详细列出。这表现了明代私人刻书家的严肃认真态度，同时也为后世的检索研究存留了宝贵资料。

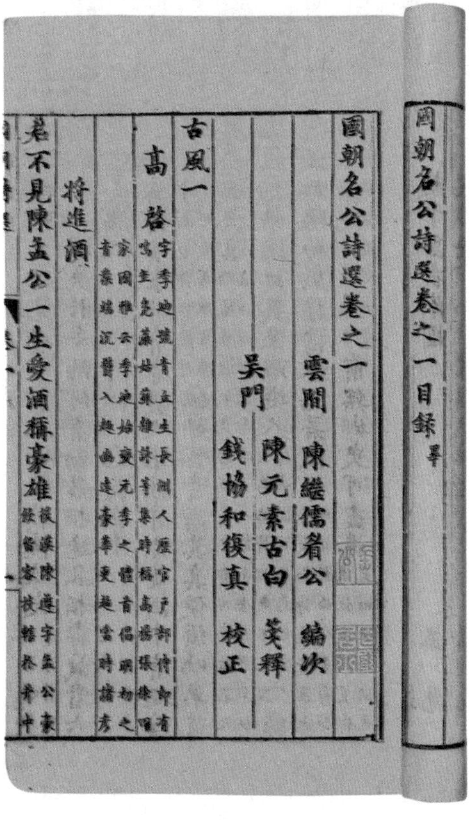
國朝名公詩選卷之一目錄

國朝名公詩選卷之一
雲間　陳繼儒眉公　編次
吳門　陳元素古白　箋釋
錢協和復真　校正
古風一
高啓
將進酒
君不見陳孟公一生愛酒稱豪雄

明天启元年（1621）刻本

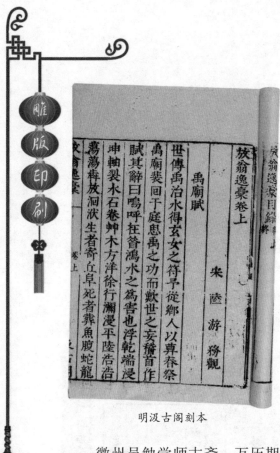

明汲古阁刻本

徽州吴勉学师古斋。万历期间刻有《五经》、《四书》、《资治通鉴》、《古今医统正脉》、《二十二子》等。

吴管西爽堂。刻有《古唐诗纪》、《山海经》、《古今逸史五十五种》等书。

浙江钱塘胡文焕。刻有《会文堂琴谱》、《古器具名》、《学诗会选》、《格致丛书》等。

汪廷讷环翠堂。刻有《坐隐先生精订草堂诗余》、《汪廷讷坐隐图》、《人镜阳秋》，以及

杂剧《环翠堂精订五种曲》。万历三十七年(1609年)刻《坐隐先生订答谱》八卷。

明代后期影响较大的私人刻书家，当推毛晋。毛晋，字子晋，原名凤苞，号潜在，虞山人。室名有汲古阁、缘君亭、世美堂、载德堂、笃素居、读礼斋、续古草庐等。

毛晋自己有丰富的藏书，而其周围也有其他著名藏书家，相互参照自然成为其校勘的良好的条件。另外，汲古阁刻书重视从宋元的秘籍翻刻，使得宋元一些很稀有的珍本，有了得以保存和流传的渠道。最后，与其他私家刻书不同的是，毛晋不仅收藏、刻书，同时卖书，可以说，他是处在传统的私家刻书与书坊刻书的中间地带。汲古阁的刻书比较严谨，多经校勘，对于传播古代文化，保留古代典籍，做出了重要贡献。

据史料记载，汲古阁从明末到清初，几十年的时间里共刻书600余种，对于一个私家刻书铺，这实在是难能可贵。在他所印的

书中，有如下一些：于天启年间刻印的《续补高僧传》、《剑南诗稿》、《神农本草经注疏》以及《三家宫词》、《极玄集》等宗教、医学、诗文集等几类书籍。崇祯年间是他刻书最为兴盛的时期，刻书种类多，数量大。如崇祯元年(1628年)刻的《唐人选唐诗八种》《杨大洪先生忠烈实录》；崇祯二年(1629年)刻的《群芳赏玩》；崇祯三年(1630年)刻的《津逮秘书》，五年(1632年)刻的《室普斋四刻》，七年(1634年)刻的《确庵文集》，八年(1635年)刻的《弃草诗集》，十一年(1638年)刻的《元人十种诗》，十二年(1639年)刻的《重刻历体略》，十六年(1643年)刻的《明僧弘秀集》，以及自崇祯元年到十七年刻成的两部巨著《十三经注疏》和《十七史》。此外，还刻有《文选李注》、《六十种曲》、《汉魏六朝三百名家集》等大型丛书和古代名著。

四、佛道藏刻书

朱元璋年轻时家境十分贫寒，甚至流浪过一段时间，17岁时，朱元璋落发为僧，但是8年之后，

他开始了自己的戎马生涯，从一名兵卒一路成为高级将领并最后做了皇帝，建立了自己的王朝。这一段经历使得朱元璋对于佛教有着更多的好感，因而在其执政时期，为寺庙提供很多方便与优惠。洪武五年（1372年），朱元璋下令金陵蒋山寺校刻佛典大藏，此事业前后经历23年，终于在洪武三十一年（1398年）完成。此刻本由于产生于南京，故称《大明三藏圣教南藏》，又称《洪武南藏》。

明天启五年毛晋绿君亭刻本

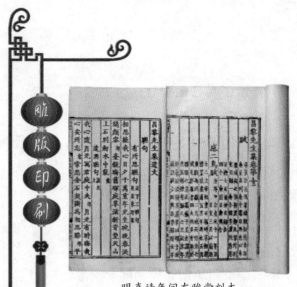

明嘉靖年间东雅堂刻本

朱元璋之子，明成祖朱棣也沿袭了其父对于佛教的推崇。他在位期间，下令北京、南京同时雕刻《大藏经》两版。这就产生了《永乐南藏》。而北京，在前后历经20年，终于在正统五年（1440年）全部刻完藏典，世称《永乐北藏》。

短短几十年间，已经有由官方钦点而刻印的3部大典，可见皇室对佛教的态度。而在僧侣之间，一部由他们自己募捐所刻的大藏也在进行之中。这部大典由法本、道开两位和尚募资，万历十七年（1589年）开始刻印，然而经历坎坷，本计划10年完成，却一直到了康熙十五年（1676年）才最终完成，共经98年，世称《嘉

兴藏》，或《万历藏》和《径山藏》。

从唐朝以后，道教日渐式微，个中原因，有宋明理学的主导地位的排挤，有道教与皇室关系的疏远，也有道教内部自身理论的停滞等等。在明朝建立时，由于统治的需要，朱元璋召见过龙虎山天师张正常，彼此有过交流沟通，而且《道藏》的编纂也被朱元璋提及过。之后的几任皇帝，对《道藏》的热情都处于一种不温不冷的状态，以至于产生了道教的刻书一直没有被冷却，却也永远不及佛典刻书盛行的境地。

五、明代刻书的特点

明初至正德时期，主要还是继承了元代以来的"黑口赵字"。黑口的出现开始于南宋，本来的板式都是细线，但是到了元代，当时的人并不像汉人那样重视文化，也没有强盛的国力和经济支持，书刻变得越来越粗糙，于是细线变得越来越粗，这样就形成了粗大黑口。朝代更迭至明，虽然皇帝变了，可是那些刻书匠仍然延袭传统，这种粗大黑口罩子也就承袭下来。这种风格一旦流

行起来，也就成了一时的特点。

嘉靖至万历时期，当初的"黑口赵字"又突然改成了全面的仿宋。原因在于为了反对当封闭保守的思想风气，一些有识文人发起文学复古运动，反对空洞无物的"台阁体"和"八股文"，提倡学习汉唐。这一潮流影响了刻书界，反应在刻书上就是要求全面复古。文学推崇汉唐，刻版则追求仿宋。宋朝是我国雕版印刷的黄金时代，其刻版刀法庄严、大方、朴素，对这种字体的模仿逐渐固定下来，成为此时期的刻版特点，并一直影响了之后版刻字体的发展。

万历后期至崇祯时期，随着资本主义萌芽，市民社会的发展，私家、书坊都刻印了大量满足市民生活需求的戏曲小说等，在这种新形势下，插图成为了比较普遍也很受欢迎的样式。为了吸引顾客，书刻则在形式上下足了功夫，花栏开始出现，各种样式层出不穷，书刻字体渐趋狭窄，这样可以多刻文字，节省版面，节约成本，是坊刻常见的现象。

明代的刻书插图数量、形式、艺术都超过了宋元，甚至连后代的清朝也望尘莫及，这是中国古代版画的黄金时期。

明朝初期，社会还处于探索阶段，而插图版画也与这种氛围相得益彰，都显得比较粗陋和简朴，与前朝并无太大差异。随着

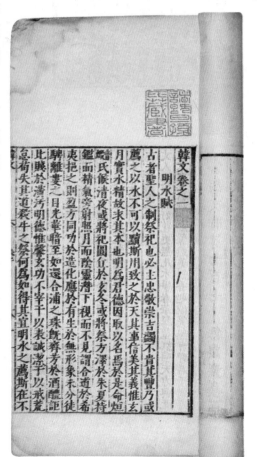

明嘉靖四十一年（1562年）何镗刻本

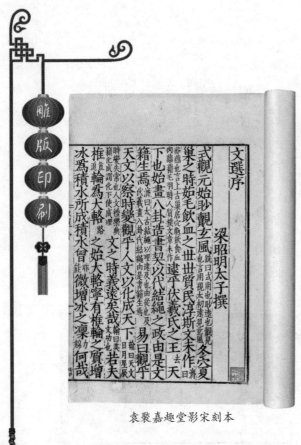

袁褧嘉趣堂影宋刻本

时间推移，伴随着小说戏曲艺术的发展，配合文字的声情并茂的图片开始产生，如《水浒传》、《西厢记》、《琵琶记》、《拜月亭》、《三报恩》、《白兔记》、《荆钗记》、《岳飞破虏东窗记》、《韩信千金记》、《金瓶梅》、《金云翘》等书的插图，就都随书俯仰，妙趣横生。

之前的插图形式，基本都采用了上文下图，而到了明朝，虽然这种格式仍被继续使用，但是也出现了更为美观的刻印方法。同时，一些具有突破性的插图方

法也逐渐产生。例如半幅版插图形式，就是明代戏曲小说的主要插图形式之一，采用这种插图的刻书有金陵三山街唐氏富春堂刊印的《分余记》、《草庐记》、《虎符记》、《齐世子灌园记》、《刘智远白兔记》、《香山记》、《和戎记》，金陵唐对溪刊印的《玉玦记》、《韩湘子九度文公升仙记》、《薛仁贵跨海征东白袍记》、《韩信千金记》、《南调西厢记》，建安刘龙田刊印的《元本题评西厢记》，武林项南洲刊印的《燕子笺》等等。

对幅插图，是明代中期之后产生的为戏曲小说插图的另一种主要形式，采用这种插图发的刻书有：金陵唐振吾刊印的《七胜记》、《西湖记》、《全德记》、《偷桃记》、《还魂记》、《八叉双杯记》，虎林容与堂刊印的《幽闺记》，新安黄应光刊印的《李卓吾批评琵琶记》，黄伯符刊印的《四声猿》，吴兴闵光瑜刊印的《邯郸梦记》，建安刘素明刊印的《丹桂记》等。

六、明代刻书的技术突破

铜活字的应用是明代印刷技术的重要发展。其中，利用该项技术最为出名的是弘治年间(1488—1505年)无锡华氏会通馆、兰雪堂和嘉靖年间无锡安氏桂坡馆。流传到今天的，由铜活字印刷出来的书籍有华氏会通馆弘治五年印的《锦绣万花谷》、弘治八年印的《容斋随笔》和《文苑英华辨证纂要》，华氏兰雪堂印的《艺文类聚》、《春秋繁露》等。

知识小百科：

明代藏书：明代帝王也很重视藏书，洪武元年徐达等北伐元大都，即收其秘书监的藏书。永乐初年，皇室藏书在文渊阁。其他如南京国子监、北京翰林院等部门也有许多藏书。正统年间杨士奇编《文渊阁书目》，著录图书7300部，4.32万余册，比较全面地反映了明代北京皇家藏书的状况。

爱妾换书：明代的私人藏书家数量更多，也有更多的书目以及藏书故事流传下来。清代吴翌凤《逊志堂杂钞》就记载了明代著名藏书家朱大韶的一则故事。朱大韶是嘉靖年间的进士，酷爱藏书，访得苏州一人藏有宋版袁宏著的《后汉纪》，于是用自己的一位美貌侍妾换得这部古书。侍妾临行前在墙壁上题写了一首诗："无端割爱出深闺，犹胜前人换马时。他日相逢莫惆怅，春风吹尽道旁枝。"朱大韶见到这首诗，十分惋惜，不久就过世了。

明代著名的藏书家还有：叶盛，著有《菉竹堂书目》。范钦，家有藏书楼名"天一阁"，所藏明代方志首屈一指。赵用贤、赵琦美父子，分别有《赵用贤书目》抄本、《脉望馆书目》传世。祁承，藏书处名"澹生堂"，著有《澹生堂藏书约》、《澹生堂书目》。黄居中、黄虞稷父子，黄虞稷著有《千顷堂藏书目》，是清初修《明史》时《艺文志》部分的初稿。明清易代之时，公司藏书多遭极大破坏，而黄氏千顷堂藏书却得以完整保存。毛晋家有"汲古阁"，藏书多达8.4万千册，不仅藏书丰富，也是古今私家刻书之冠。

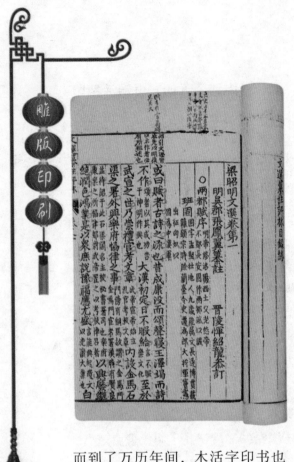

后闵、凌二家继续发展套版印刷，刻印了许多带有批注评点的经史子集4部古书，以及戏曲和小说。为了便于学习，他们还在印刷技术中加入双色印刷和五色印刷，这大大丰富了当时的刻印技术。

第七节　清代的刻书

1616 年，东北建州女真的首领努尔哈赤建立了金国，史称后金，1636 年，皇太极称帝，改金为清，最终在 1644 年，多尔衮率领清兵入关，建立了我国历史上最后一个封建王朝—清朝。清代建国初期，残酷镇压了各种反清势力，逐渐巩固了政权，使国家重归统一。清是关外少数民族建立的王朝，为了缓和民族矛盾，推进社会稳定和经济发展，清初统治者采取了一系列的政策。首先是接受汉族的传统文化思想，尊崇孔子及以孔子为代表的儒家学说。自顺治帝时，统治者即积极提倡习读经书，宣论圣人之道。

而到了万历年间，木活字印书也渐渐流行起来。《太平御览》、《太平广记》等大部头的书籍，在此时都开始进行木活字印刷出版。值得稍稍一提的是，在崇祯年间，《邸报》开始用木活字印刷，这大概可以被认为是中国用活字版印报纸的起源了。

明代印刷术的另一大发展是套印术的应用。吴兴的凌氏、闵氏两家对该项技术的普及起到了重要贡献。1616 年，闵氏用套版印刷技术印制《春秋左传》，之

内府刻书

康熙南巡曾亲自到山东曲阜祭奠孔子，并亲书"万世师表"匾额。与此同时，政府也积极恢复科举考试，搜罗一批知识分子从事编书、著述活动，这些政策及行动的实施，对于笼络汉族知识分子起了很重要的作用。康熙帝还积极提倡理学，亲自编定《性理精义》，刊印《性理大全》，将程朱理学钦定为官方意识形态加以推广，以此加强对知识分子的思想控制。顺治、康熙、雍正、乾隆几朝100余年，是清代的鼎盛时期，社会稳定，经济繁荣，在这样的大背景下，印刷事业也得到了进一步发展。

清代统治者十分重视学习中原的文化，清政权建立初期，统治者就着手对历代典籍进行收集和整理。清朝统治者不仅直接接收了明朝皇室的全部藏书，在康熙年间，政府在全国范围内搜集图书的活动也开始了。翰林院等相关组织还制定了详细的购书计划，并规定各省督抚承担为朝廷购书的职责，书籍征集后，统一送至礼部汇集。在这一些列措施之下，皇室的藏书更加丰富。清宫廷内有多处专门典藏图书的地点，如昭仁殿内乾隆皇帝收藏善本的"天禄琳琅"，其中收藏宋、辽、金、元善本多达1081部，12258卷。还有专门收藏宋代岳珂所刻印的《五经》的藏书处，名叫"五经萃宝"。其他如武英殿、懋勤殿、金华宫、景阳宫以及中南海的南薰殿、紫光阁、南书屋，北海静心斋的抱素书屋等，都是皇家的藏书处。此外，翰林院、国子监、内阁大库等也都藏有大量的图书典籍。清代皇室藏书的数量超过

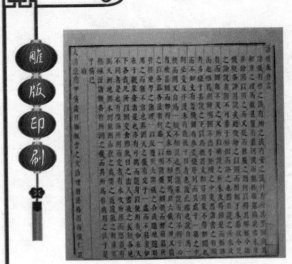
内府刻书

了此前的任何一个朝代。

除了藏书，清朝统治者还大量编纂图书。尤其清朝前期，图书编纂可谓规模浩大，成绩空前。如康熙到雍正朝朝编定的《古今图书集成》，是中国历史上继《永乐大典》之后的又一部大型类书。全书共有1万卷，5020册，1.6亿字。分为六汇编、三十二典，共计6190部，在组织体系和编排体例上都远胜过以前的类书。到了乾隆朝，政府继续组织人力编辑政书、丛书等大部头的著作，较为突出的是继唐代杜佑《通典》、宋代郑樵《通志》、元代马端临《文献通考》后，编辑的《续通典》、《续通志》、《续文献通考》，

之后又编辑了《皇朝通典》、《皇朝通志》、《皇朝文献通考》。这九部书加上清末刘锦藻编辑的《皇朝续文献通考》，即所谓的"十通"。乾隆帝发起的更重大的一项编书活动，就是编纂大型丛书《四库全书》。"四库"指的就是经、史、子、集四大部分，乾隆帝希望能够编成一部网罗古今要籍、规模空前的大书。编修活动从乾隆三十八年(1773年)开始，直到乾隆四十七年(1782年)完成，总共收入了从古代到当时的著作3457种，总计有79070卷，3.6万册，堪称我国历史上规模最大的丛书。其中四库馆臣撰写的提要集《四库全书总目》，也成为我国目录学史上集大成的著作。

在明末清初社会动荡、战乱频仍、民族矛盾激烈的背景下，学术研究也出现了重要的转折。著名的学者黄宗羲、顾炎武、王夫之等人，大都反对明末以来空疏浮夸的学风，讲求经世致用之学。雍正、乾隆时期，清朝的统治获得了相对的稳定，清政府对文人采取了严酷的统治政策，屡

次禁毁书籍，大兴"文字狱"。这使得当时的文人学士不敢直抒己见、议论时政，转而把时间和精力用在古代典籍的整理上。于是，清初以来逐渐兴起的文字学、音韵学、训诂学、校勘学和考据学在乾嘉时代都达到了鼎盛，出现了一大批一流水准的著作，如戴震的《声韵考》、段玉裁的《说文解字注》、王念孙的《广雅疏证》、钱大昕的《廿二史考异》、王鸣盛的《十七史商榷》、赵翼的《廿二史札记》、章学诚的《文史通义》等等。学术发展的这种方向，对于清代图书的著述、收藏、整理和雕印都产生了巨大影响。

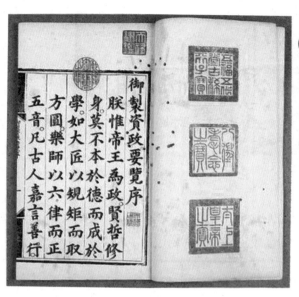

内府刻书

一、官府刻书

1. 内府刻书

清朝建国初期，建立了宫廷的刻书机构，入关前还曾设立了翻译出版机构，主要职能是将汉文典籍翻译成满文，供官员学习。大约在康熙四十五年（1706年），建立了专门的出版印刷机构，就是武英殿，清代许多"钦定"、"御批"的书籍就是在这里编辑和刻印出版的。

顺治时期的内府刻书

满人入关后，面对复杂的社会环境和激烈的矛盾冲突，立法成了统治者的首要任务。顺治三年（1646年）修成的《大清律》，同年刊行，顺治四年颁行全国，这是清朝的第一部成文法典，也是这部法典，开启了内府的刻书活动。

顺治十二年（1655年）编为《简明则例》。康熙二十八年（1689年）

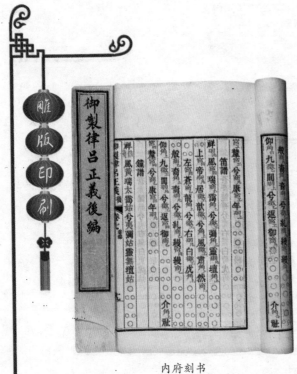

内府刻书

现行则例附入《大清律》，以为律条。雍正三年 (1725 年) 完成了《大清律集解》和《大清律例增修统纂集成》，雍正五年 (1727 年) 正式颁行。乾隆五年 (1740 年) 又重修律例，编成了一部比较完整的《大清律例》四十七卷。在制定行政法规方面，康熙二十九年 (1690 午) 武英殿刊印了《大清会典》一百六十二卷。雍正十 (1732 午) 纂刻《大清会典》二百五十卷；乾隆二十六年 (1761 年) 又纂刻《大清会典》一百卷，《则例》一百八十卷；嘉庆十八年 (1838 年) 纂刻《大清会典》八十卷，《事例》九百二十卷，《图》一百三十二卷；光绪二十二年 (1896 年)、二十五年 (1899 年) 总理衙门石印出版《大清会典》一百卷，《事例》一千二百二十卷，《图》二百七十卷。

除了法典，顺治时期便开始在天下大讲竭忠尽孝和无为而治，例如：顺治十二年 (1655 年) 刊印《御注太上感应篇》一卷，《御制人臣儆心录》一卷，《资政要览》三卷，《后序》一卷，《范行恒言》一卷，《劝善要言》一卷等。顺治十三年 (1656 年) 刊印《御注孝经》一卷，《御注道德经》二卷，《御纂内则衍义》十六卷，《御纂内政辑要》，《劝学文》一卷。顺治十五年 (1658 年) 刊印《楞严经汇解》十卷，十六年 (1659 年) 刊印《经筵恭纪》一卷。

从顺治时期开始，政府就花精力一边制定法典，一边刻印宣传忠孝的图书，可见清朝统治者在统治手段上的倾向。

康熙时期的内府刻书

清圣祖玄烨是一位雄才大略、多才多艺的皇帝。他在位长达 61

年，对于清朝的建树是多方面的。一般来说，武英殿的刻书活动也是自这时才正式开始的。

据记载，康熙时期的内府刻书有大约 52 种，共 5118 卷之多，门类齐全，例如康熙十六年 (1677 年) 刊印的《日讲四书解义》二十六卷；十九年 (1680 年) 刊印《日讲书经解义》十三卷；二十二年 (1683 年) 刊印的《日讲易经解义》十八卷；二十九年 (1690 年) 刊印《孝经衍义》一百卷前二卷；五十三年 (1714 年) 刊印《朱子全书》六十六卷；五十四年 (1715 年) 刊印《周易折中》二是二卷第一卷，《性理精义》事儿卷；六十年 (1721 年) 刊印《春秋传说汇纂》三十八卷前两卷；康熙末年还刊印《钦定篆文六经四书》十四卷，《周易本义》事儿卷、《四书章句集注》十九卷等，以上是按照程朱理学所揭示的儒家思想图书。

史书有康熙四十七年 (1708 年) 刊印《御评通鉴纲目》五十九卷，《前编》十八卷，《外纪》一卷，

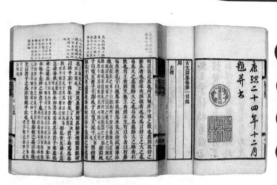

内府刻书

《举要》三卷，《续编》二十七卷。康熙五十二年刊行的《诸史提要》十五卷版印。康熙五十一年 (1712 年)，《历代纪事年表》一百卷刊行等。

诗文方面有康熙四十三年 (1704 年) 御用扬州诗局刻印的《圣祖诗集》十卷，《诗二集》八卷；四十四年，翰林院根据钱谦益的原稿及季振宜编录过的《全唐诗稿》重新编订的《御定全唐诗》九百卷，由扬州诗局版印而成；康熙四十五年 (1706 年) 刊印《御定历代赋汇》一百四十卷，《逸句》二卷，《补遗》二十二卷；同年，《御定全唐诗录》一百卷，亦由扬州诗局版印；四十六年 (1707 年)，《佩文斋书画谱》一百卷，又由扬州诗局刊印；同年，《御定佩文斋咏物诗选》四百八十六卷，

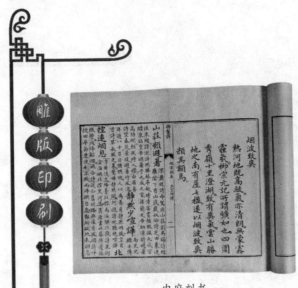

内府刻书

《御定历代题画诗类》一百二十卷，刊印告竣；同年，《历代诗余》一百二十卷刊印；康熙四十八年(1709年)，《御选宋金元明四朝诗》三百零四卷刊印；康熙四十九年(1710年)，《渊鉴类涵》四百五十卷告成；同年，《御选古文渊鉴》六十四卷问世；康熙五十年(1711年)，内府刊印《佩文韵府》一百六十卷；同年，内府刻印《圣祖文集》四十卷，《二集》五十卷，《三集》五十卷，同年，《御订全金诗》七十二卷前两卷刻印；康熙三十五年(1696年)，《御制耕织图诗》二卷问世；康熙五十二年，《御选唐诗》三十二卷，《补编》一卷刻印而成；康熙五十四年(1715年)，《钦

定词谱》四十卷，《曲谱》十四卷套印而成；康熙五十七年(1718年)，《佩文韵府拾遗》一百零六卷刻成；康熙六十一年(1722年)，《千叟宴诗》四卷刻成等。据统计，康熙时期刊行的诗词文赋有二十多种，三千多卷。

除了经史诗文，康熙皇帝对天文地理等自然科学也很有兴趣，因此，相关书目的刊印也很突出。例如康熙二十四年(1685年)内府刻印《钦定选择历书》十卷；五十二年内府刻印《星历考原》六卷；五十四年内府又刻印了《月令辑要》二十四卷，《图说》一卷。另外这一时期还刊印了《皇舆表》十六卷，《饮定皇舆全览》三十九卷，《钦定方舆路程考略》，《御制数理精蕴》五十三卷等。

雍正时期的内府刻书

雍正帝执政时期比较短，只有13年，因而期间刻书并不甚多，大约不到40种。由于康熙末年激烈的夺嫡和雍正在位期间的皇室权力斗争，这一时期内府的刻书虽然数量不太多，却带有浓厚的政治色彩。

例如，雍正二年(1724年)，颁刻《圣瑜广训》一卷，雍正三年(1725年)刊印《御制朋党论》一卷，雍正八年(1730年)内府编印了《庭训格言》一卷，刊行这些书的目的，都是用来警戒大臣，以稳固皇权。

此外，还有雍正四年(1726年)内府刊印《大戴礼记注》二十卷，五年(1727年)刊印《书经传说汇纂》二十一卷首两卷，《御纂孝经集注》一卷，《小学集注》六卷；八年又刊印《诗经传说汇纂》二十一卷首两卷，雍正帝还令国子监刊印《四书五经读本》六十七卷，颁发国子监及八旗官学、各直省学院。这些大都是雍正帝钦定的经学参考书籍，统一思想的色彩十分浓厚。

利用宗教来巩固自己的执政地位一直是满族统治者的传统，入关以后，这种传统继续发展，在雍正时期，此类典藏也得到大量刊印。例如雍正十三年(1735年)，内府校刻了《二十八经同函》一百四十卷。十一年(1733年)，

雍正还曾下令雕印汉文大藏经。明永乐时所刻的《北藏》由于年久损毁，流传到清初已经为数不多，社会影响力也不大，当时真正在世上流传并有相当社会影响的，是始刻于明末而清初还在继续刻印的《径山藏》（即《嘉兴藏》）。《径山藏》在清初刻印的时候，收入了一些明末遗民的反清思想，深为清朝统治者所忌，但是作为标榜崇信佛教的雍正皇帝，不能公然对反对释家大藏《径山藏》，于是就重新刻印了一部《清藏》，又名《龙藏》，以便以皇家大藏取代民间刻印的《径山藏》，从而清除其中的反清思想。

内府刻书

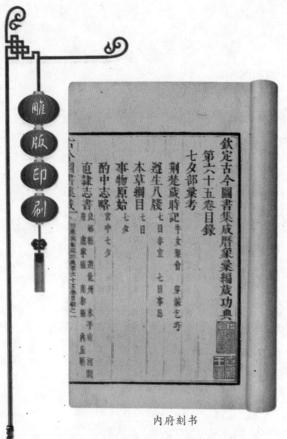

内府刻书

刻本《二十四史》，通称为《殿本二十四史》，规模宏大，卷帙浩繁，多达三千三百五十八卷。这么浩大的工程在乾隆年间完成，证明乾隆皇帝是位好大喜功的封建帝王，希图成为一名文治武功均能超越百代的千古圣贤皇帝。此外，武英殿还于乾隆二十年（1755年）刻印《周易述义》十卷、《诗义折中》二十卷，二十三年（1758年）刻印《春秋直解》十二卷，四十八年（1783年）刻印《五经》九十三卷，五十二年（1787年）刻印《御定重订论语集解义疏》十卷。

乾隆年间另一个浩大的刻印工程是《武英殿聚珍版丛书》，这是清代内府采用木活字印制书籍最大的工程，也是中国历史上最大的一次木活字印刷工程。

乾隆时期的刻书

乾隆帝在位时，清代社会的发展进入了鼎盛，此时的刻书活动也异常活跃。

这一时期对于经史的刻印仍然十分重视，乾隆四年（1739年）武英殿奉旨校刻《十三经注疏》三百六十一卷，同年，武英殿还奉旨校刻了《二十一史》，乾隆十二年（1747年）《明史》刻成，乾隆四十九年（1784年），武英殿刻成《旧五代史》，与乾隆四年所刻之《二十一史》成为武英殿

嘉庆时期的内府刻书

乾隆之后，清朝由鼎盛开始转衰，虽然嘉庆帝也采取积极措施试图扭转颓势，但是历史的前行是难以阻挡的。这一风貌也体现在当时的刻书当中。

从现在掌握的资料来看，嘉庆时期内府刻书不过30余种，只

有乾隆时期的1/4。从内容上说，这一时期的刻印也没有鲜明的特点，大多是继承之前没有刻完的书籍，或者是重新刻印旧时的文献。如嘉庆二年(1797年)所刊印的《朝殉节诸臣录》十二卷首一卷是乾隆四十一年(1776年)编纂的书；嘉庆三年(1798年)刊印的《平定兰州纪略》二十卷首一卷是乾隆四十六年(1781年)编纂的书；嘉庆四年(1799年)刊印的《八旗通志》三百四十二卷首十二卷是乾隆五十一年(1786年)续纂的书；嘉庆五年(1800年)刻印的《平定两金川方略》一百三十六卷，首八卷、《纪略》一卷是乾隆四十六年(1781年)编纂的书；嘉庆十六年(1811年)刻印的《清凉山志》二是二卷是康熙时编刻、乾隆五十年(1785年)重编的书。

当然，嘉庆时期也有新书的刊印活动，例如嘉庆五年编刻的《仁宗味余书室全集定本》四十卷《随笔》二卷，；嘉庆十年(1805年)编刻的《仁宗文初集》十

卷、二十年(1815年)编刻的《仁宗文二集》十四卷，八年(1803年)编刻的《仁宗诗初集》四十八卷、十六年编刻的《仁宗诗二集》六十四卷、二十四年编刻的《仁东诗二集》六十四卷等等，以上种种，则都是嘉庆皇帝自己的著述。

此间内府刻印的其他书还有：嘉庆二十三年(1818年)纂刻的《钦定明鉴》二十四卷首一卷；十八年(1813年)刻印的《大清会典》八十卷、《事例》九百二十卷，《图》一百二十二卷；十五年(1810年)纂刻的《剿平三省邪匪方略正编》三百五十二卷，《续编》三十六卷，《附编》十三卷首九卷，《表文》一卷；同年编刻的《皇清文颖续编》一百零八卷首五十六卷；《太

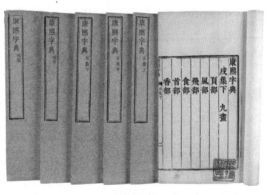

内府刻书

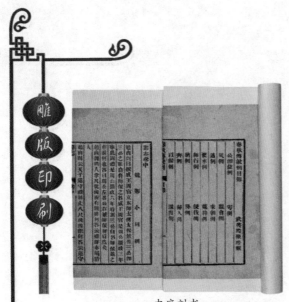

内府刻书

宗松山战事书文》一卷,《白塔信炮章程》一卷,《平定教匪纪略》四十二卷首一卷等等。

《全唐文》是嘉庆年间编刻的比较大部头的作品。此书编刻从嘉庆十三年(1808年)开编,到嘉庆十九年刻成,前后经过6年,其效率、速度、规模都十分可观,但是这部书编成后,实际上是由督理两淮盐政阿克当阿等负责并在扬州刊刻的。

道光以后的内府刻书

清代自道光起,是逐渐走向末路的90年。朝廷内部腐败专制、阶级矛盾严重,外部又有西方入侵,清政府的统治摇摇欲坠,经济上濒于崩溃,文化事业疲敝凋零,技术上土洋新旧杂糅。这些现象在内府刻书上表现得特别明显。

道光到宣统这五位皇帝执政时期,见于记载的内府刻书加起来不过30多种,其中道光朝三十年(1821—1850年)刻书13种,560卷。咸丰朝十一年(1851—1861年),刻书3种,149卷。同治朝十三年(1862—1874年),刻书两种120卷,光绪朝二十四年(1875—1908年)刻印15种,14876卷,宣统朝三年(1909—1911年)印两种38卷。

刻书内容上看,除本朝或前一朝的御制诗文集,便是增订续刻前朝旧籍。如道光七年(1827年)重刻的《康熙字典》四十二卷。道光四年(1824年)刻印《大清通礼》五十四卷是嘉庆二十四年(1819年)续纂的,道光十六年(1836年)刻《国子监志》八十二卷首二卷,也是续刻。而真正本朝纂刻的书则寥寥无几。

2. 地方刻书

清朝地方政府的一个特色,是清代后期各省先后创设的官书局。官书局是清代社会内部政治斗争的产物，也是时代发展的产物。这个机构首先由曾国藩设立，他设立这个机构，是有着当时特殊的政治考量的。当时太平天国用拜上帝会的宗教形式，号召农民起来进行武装斗争，同时也想争取知识分子作为同盟，但是太平军的理念是均田赋、共温饱，并且反对儒学，这一点不仅触动了大多数官僚地主的利益，多数知识分子也难以认可。曾国藩之所以倡立官书局，带有强烈的发扬儒学精神进而争取知识分子的色彩。

江南书局刻书

江南书局是曾国藩授意首创的，该书局刻书的特点是以经史为重。如刊刻《四书十一经》、《大本四书五经》、《小本四书五经》、《仿宋相台五经》、《四书集说》、《易经程传》、《易经本义》、《书经集传》、《诗经集传》、《毛诗传笺》、《春秋》三传、《三礼》、《尔雅》、《小学》、前四史、《晋书》、《南史》、《北史》、《宋史》、《魏

书》等，约有 60 余种。

淮南书局刻书

淮南书局设在扬州，刻书大约有六十余种，也以经书为多。如《易》、《书》、《诗》、《三礼》、《三传》、《四书》、《尔雅》、《孝经》等，其余类别有仿宋大字本《说文解字》、《广雅疏证》、《经籍纂诂》、《古今韵会举要》、《钦定音韵阐微》、《韵诂》等文字、音韵、训诂学的书籍。另外还有如《两淮盐法志》、《淮南盐法纪略》、《淮北票盐续录》等地方制度类的书籍。文集类则有《初唐四杰文集》、《陆宣公集》、《二三家宫词》、《南宋杂事诗》、《十国宫词》、《金源纪事诗》、《秣陵集》、《小学弦歌》、《题襟馆倡和集》等。

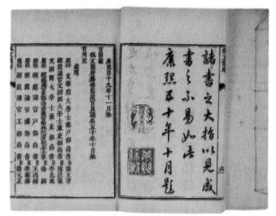

内府刻书

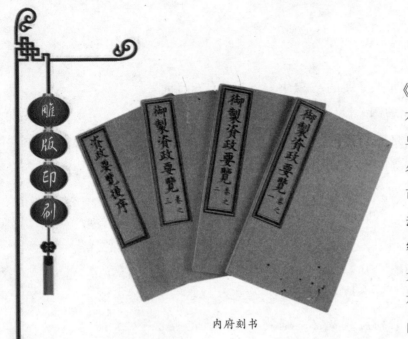

内府刻书

江楚书局刻书

江楚书局设于江宁，刻有各类图书 70 余种，该书局刻书的特点是刊刻了一些学校的章程和教材以及一些翻译作品。如《奏定学堂章程》、《钦定学堂章程》、《钦定各学堂应用书目》、《初等小学国文教科书》、《初等小学国文教授法》、《高等古文教科书》、《女学修身教科书》、《伦理教科书》、《地理教科书》、《地文学教科书》、《地质学教科书》、《矿物学教科书》等。此外还编译刊印过一些科普读物，例如《万国史略》、《日本历史》、《埃及近事考》、《英国警察》、《日本军事教育编》、《交涉要览》、

《日本师范》、《日本史纲》、《化学导源》、《东西洋各国银行章程》等。可见，这些印书活动是跟洋务运动紧密联系的。这种眼光在当时来说是具有非常积极的意义的，人们学习西方的历史，探寻西方强盛的原因，这也未尝不是曾国藩、李鸿章、左宗棠等派人开办书局的用心之一。江楚书局的这种刻书特色，在清末官书局独树一帜。

江苏书局刻书

江苏书局设在苏州，刻书达 200 余种。该书局刻印史书很多，但是并不拘泥于正史，例如刊印过《辽史》、《金史》、《元史》、《辽史拾遗》、《辽史拾遗补》、《金史详校》、《补元史》、《辽金元三史国语解》、《三国志证闻》、《资治通鉴》、《通鉴校勘记》、《资治通鉴纲目》、《司马温公稽古录附校勘记》、《通鉴外纪并目录》、《通鉴地理今释》、《续资治通鉴》

等。此外，该书局还着眼本地，刻印了相当一些有关江苏省舆地、水利、史志等方面的书籍。如《江苏全省舆图》、《江苏舆图》、《苏州城厢图》、《苏省五属二十里方舆图》,《江苏水利图说》、《五省沟洫图说》、《孙耕远筑圩图说》、《江苏海塘新志》、《吴地记》、《吴郡图经续记》、《苏州府志》等。

浙江书局的刻书

浙江书局，初在杭州小营巷报恩寺内，光绪十八年（1892年）改迁至正中巷三忠祠。浙江书局首刊《御纂通鉴辑览》，又刻下很多经书，如《五经》、《十三经古注》,《易宪》《尚书考异》《诗义折中》《夏小正通释》《四书》、《四书反身录》、《论语古训》、《论语后案》等。史部书也刻印很多，其特点是多关注人物方面，如《平浙纪略》、《两浙名贤录》、《浙江忠义录》、《越女表微录》、《岳庙志略》，而关于浙江本地的有《浙江通志》《杭州八旗驻防营志略》、《南湖考》、《浙西水利备考》、《续浚南湖图志》、《湖山便览》、《两浙防护录》等。

崇文书局刻书

崇文书局在武昌，刻书有二百余种。经书刻有《七经》、《周易折中》、《书经传说汇纂》、《书经集传》、《诗经传说汇纂》、《诗经集传》、《周官义疏》、《仪礼义疏》、《礼记义疏》、《春秋传说汇纂》、《春秋左氏传》、《春秋公羊传》、《春秋谷梁传》、《四书集注》、《孝经》、《尔雅》、《经典释文》、《十一经音训》、《小学集注》。史书刻有《旧五代史》、《新五代史》、《明史》，等，全国、地方舆地书籍刻有《清一统舆地图》、《清一统分省舆地全图》、《乾隆府厅州县志》、《清内府舆地图缩摹本》、《湖北通志》、

内府刻书

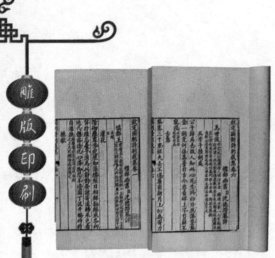

清乾隆二十六年（1761）刻本

光绪《湖北舆地》、《鄂省营汛州县驿传图说》、《长江全图》、《鄂省全图》、《武汉城镇合图》、《省城内外街道图》等等。

皇华书局刻书

皇华书局设在济南，经营的书种类非常之多，总共大约有1200多种。其中经部书有200多种，如《十三经注疏》、《十三经注疏校勘记》、《十三经读本》、《四书十一经读本》、《相台五经》、《御纂七经》、《皇清经解》、《皇清经解续编》、《古经解汇函》、《通志堂经解》、《十三经古注》等，但是这些书并非所有都出自该书局所刻，有些只是经销而已。皇华书局刻印经销的史书也有200余种，如《二十四史》五局合刻本、《前四史》金陵书局本、《史记》

仿汲古阁本等。地理志方面有《元和郡县志》、《元丰九域志》、《舆地广记》、《太平寰宇记》、《历代舆地全图》等。

以上列举的只是一些有着相对较大影响、或者印数较多的地方官书局。清末书局刻书是官刻的一大特色，影响很大。

二、书坊刻书

相较于清代庞大的官府刻书，清代坊间刻书更为兴盛。这里列举一些历史悠久并且有一定影响

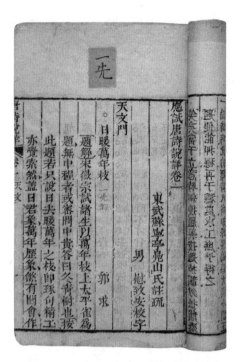

清乾隆三十六年（1771年）大业堂刻版

力的书坊。

　　创设于明代后期的扫叶山房，最初设在苏州，至清光绪年间，由于业务的扩大，在上海、汉口等处开设分号。乾隆六十年(1795年)刻印《东都事略》一百三十卷，《契丹国志》二十七卷，《大金国志》四十卷，《元史类编》四十二卷，嘉庆二年(1797年)刻《南宋书》六十八卷，嘉庆五年(1800年)刻《唐六典》三十卷，《东观汉记》二十四卷，《吴越备史》四卷。

　　到了同、光年间，扫叶山房继续扩展自己的刻书业务，使得其书行销大江南北，例如《毛声山评点绣像金批第一才子书三国演义》，《绣像评点封神榜全传》，《千家诗》，《龙文鞭影》初、二集附《童蒙四字经》。

　　乾隆时期陶氏五柳居的主人陶正祥，字庭学号瑞安，江苏人。后来在北京开启了自己的图书经营。陶氏长于版本鉴定、搜访异书秘本，在此领域，具有一定的口碑。刻有《十三经注疏》、《抱朴子》、《太玄经集注》等。

　　书业堂是苏州书坊，刻印小说为其经营重点。如乾隆四十四年(1779年)刻《说呼全传》十二卷，四十回，乾隆四十六年(1781年)刻艾衲居士编《豆棚闲话》十二卷，

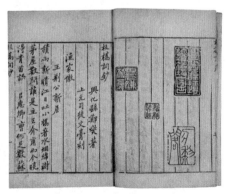

清乾隆年间清晖书屋刻本

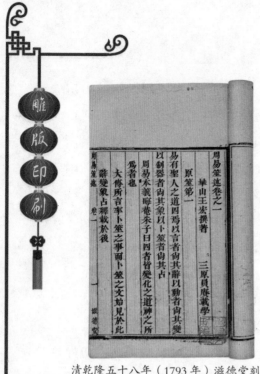

雕版印刷

清乾隆五十八年（1793年）滋德堂刻本

乾隆五十八年 (1793 年) 刻《新刻批评绣像后西游记》四十回，嘉庆十年 (1805 年) 刻《英云梦传》八卷等。

清朝中期以后，书坊仍多集中在南北两京和苏、扬二州。有名的有南京的李光明庄、聚锦堂、德聚堂；北京的老二酉堂、聚珍堂、善成堂、文宝堂、泰山堂、荣禄堂、文贵堂、本立堂、宝文堂、龙文阁、文光楼、文锦斋、文友堂、文成堂；苏州的宝兴堂、聚文堂、绿荫堂、文学山房、三经堂；扬州的文富堂；宁波的群玉山房等等。

其中，李光明庄刻书颇多，

据说有超过 150 种。包括经部 41 种，史部 6 种，子部 3 种，集部 52 种，启蒙类 24 种，闺范类 4 种，医算杂学类 24 种，善书类 13 种。而且影响也比较广泛。

而北京的老二酉堂也有较长的经营时期。曾在光绪十五年 (1835 年) 刻印了但明伦评《聊斋志异》。

聚珍堂同时采用雕版和活字两种技术印刷。刻印有《书经》、《四书章句》、《幼学琼林》等，木活字排印《王希廉评红楼梦》、《儿女英雄传》、《三侠五义》、《济公传》、《聊斋志异》等。

善成堂是晚清规模较大、刻书较多的书坊之一，在全国各地设有分号。刻印有《监本书经》、《唐

清五峰阁影宋刻本

152

诗三百首补注》、《说唐前传》、《第一才子书》、《幼学故事琼林》等。

总之，清代的书坊刻书活动比较活跃，而且也非常贴近生活，大量刻印小说、戏曲、唱本医方等书。

三、私人刻书

清代的雕版书籍，以私家刻书最有价值。这类书籍很多是所谓的"写刻"，字体秀美，笔力遒劲，刊印精工，收藏价值很高。

清代的写刻精本滥觞于康熙年间，如侯官名书家林佶，手写汪琬撰《尧峰文钞》、陈廷敬撰《午亭文编》、王士禛撰《古夫于亭稿》和《渔洋精华录》，这是文坛所谓的"林氏四写"。康熙三十八年（1699年）顾嗣立秀野草堂刻的《韩昌黎先生诗集》，为吴郡名刻工邓明玑、曾唯圣所刻。康熙四十二年（1703年）古吴范稼庵写、金陵名匠刘文藻刻《汤子遗书》，雍正年间张亭俊写、何元安刻、浦起龙撰《读杜心解》，雍正十三年（1735年）梁溪（今无锡）华育渠写、辛浦校刻的汪琬《说铃》，乾隆十二年（1747年）林佶

同门歙县程哲七略书堂写刻的《带经堂全集》，黄晟写刻的《水经注》，乾隆十四年（1749年）郑燮写、其门徒司徒文膏刻《板桥集》；胡介祉自己写刻的《王司马集》、《陶靖节诗》、《谷园印谱》。嘉庆十五年（1810年）松江沈慈、沈恕的古倪园所刻唐、宋、元四种妇人集子，世称《四妇人集》等等。

除了写刻之外，清代私人刻书还非常重视校勘，还有辑佚等，因此大批丛书、逸书和旧版书籍

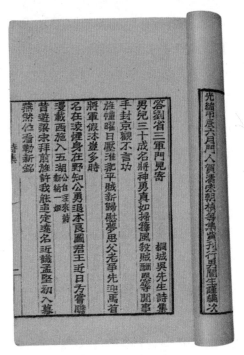

清光绪年间家刻本

清同治十年（1871年）京师滂喜斋刻本

都得以重校重刊。最有名的私刻丛书，如乾隆、嘉庆年间黄丕烈所刻的《士礼居丛书》、鲍廷博所刻的《知不足斋丛书》，毕沅所刻的《经训堂丛书》，孙星衍所刻的《平津馆丛书》等等，都是私家刻书中的精品。嘉庆年间阮元所刻的《十三经注疏》和《皇清经解》是清代汉学家的重要文献。另外还有马国翰的《玉函山房辑佚书》、严可均的《全上古三代两汉三国两晋六朝文》等辑佚书，都在学术史上具有重大价值。

在清代，比较有名的藏书家、刻书家有下面这些：

金山钱氏刻书最多，延续最久。钱树本刻有《左传》、《公羊传》、《谷梁传》、《国语》、《国策》、《庄骚读本》；钱树堂、钱树立继刻《经余必读》、《醉经楼经验良方》、《保素堂稿》；钱树芝刻《温热病指南集》；钱熙彦、钱熙载刻《春秋阙如编》《元诗选》、《元史类编》；钱熙辅刻《艺海珠尘》、《壬癸集》、《重学》；钱熙祚刻《守山阁丛书》、《指海》、《珠丛别录》、《素问》、《灵枢》、《胎产秘书》；钱培益刻《货币文字考》；钱培名刻《小万卷丛书》；钱国宝用活字排印杜文澜编的《江南北大营纪事本末》，刻《务本义斋算学三种》、《疡科辑要》、《万一权衡》；钱润道、钱润功刻《甲子癸卯王皇简法》、《钱氏家刻书目》十卷等等。

鲍廷博是乾隆年间大藏书家之一。校刻《知不足斋丛书》三十集，乾隆三十年(1765年)刻宋汪元量撰《湖山类稿》等。

张海鹏刻有《太平御览》、《学津讨原》、《墨海金壶》、《借月山房汇钞》等。

知识小百科：

清代著名藏书家：清代以来，藏书家又以前期代为多，如钱谦益"绛云楼"，钱曾"述古堂"、"也是园"，曹溶，季振宜，王士禛"池北书库"，徐乾学"传是楼"，朱彝尊"曝书亭"，孙从添"上善堂"，卢文弨"抱经堂"，卢址"抱经楼"，鲍廷博"知不足斋"，孔继涵"微波榭"，吴骞"拜经楼"，陈鳣"向山阁"，黄丕烈"士礼居"，王士钟"艺芸书舍"，张金吾"爱日精庐"等。这些藏书家家藏丰富，多宋元旧版，也有条件自己刻书，成为清代私家刻书的主流，他们刊刻的书大多经过精心校对，质量极高。

晚清四大藏书家：即所谓瞿、杨、丁、陆四大家，为晚清最著名的藏书家。瞿氏藏书约始自瞿绍基，藏书处名铁琴铜剑楼。翁同龢《题虹月归来图》中评价道："瞿氏三世聚书，所收必宋元旧椠，其精者尤在经部……龢尝戏谓镜之昆弟，假我二十年日力，当老于君家书库中矣。"瞿氏藏书新中国成立后大部分精品或捐献或出让于中国国家图书馆，另有多种图书捐给常熟图书馆。

杨氏海源阁坐落于山东聊城，经杨以增、杨绍和父子经营，藏书蔚为大观。有《海源阁书目》及《楹书隅录》。因收藏有宋版《诗经》、《尚书》、《春秋》、《仪礼》及《史记》、两《汉书》、《三国志》，而自命其藏书处为"四经四史之斋"。其藏书在清末战乱中损毁严重，新中国成立后所藏精品多归国家图书馆，普通本则多归山东省图书馆。

丁氏兄弟丁申、丁丙，藏书处名"八千卷楼"，至丁申兄弟一代，所藏书籍又大有增加。太平军攻杭州，藏有《四库全书》的文澜阁被毁，丁氏兄弟冒险进入文澜阁废墟抢救书籍万余册，得朝廷褒奖，称其"嘉惠士林"。丁氏藏书大部分收藏于今南京图书馆。

陆心源，浙江归安人，藏书处名"皕宋楼"，收藏丰富，多宋元版。过世后，藏书被其子陆树藩以 1.8 万元（一说 10 万元）卖给日本岩崎氏的"静嘉堂文库"，根据严绍 先生的统计，约有 4146 种，共 43218 册，静嘉堂也因此成为日本最著名的汉籍文库。

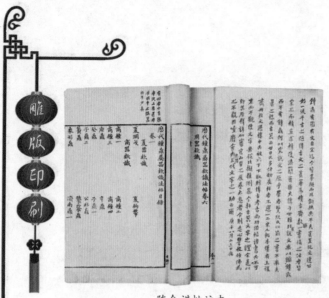

陈介祺批注本

其他刻书家还有黄丕烈、孔继涵、卢见曾、吴骞、阮元、黄叔琳、秦恩复等。

四、太平天国刻书

讲清代的历史，或者是讲清代的某个方面的事业、事件，太平天国总是不可忽略的。从咸丰元年（1851年）太平天国在南京建号，至同治三年（1864年）失败，太平天国立国一共只有15年。金田起义之后，太平军所向披靡，在进军中需要雕刻的印信、布告、宣传文书等，是由广西、两湖及江西的刻字匠来刊印的。等到太平天国在南京建都之后，专门的刻印机构便也在南京成立了，即复成仓大街的镌刻衙，也称镌刻馆，以及在文昌宫后殿的刷书衙，也称为刷书馆。

太平天国的版印图籍很多，例如有《天父上帝言题皇诏》、《天父下凡诏书》(二部)、《天命诏旨书》、《旧遗诏圣书》、《前遗诏圣书》、《天条书》、《太平诏书》、《太平礼制》、《太平军目》、《太平条规》、《颁行诏书》、《颁行历书》、《三字经》、《太平救世诰》、《建天京于金陵论》、《贬妖穴为罪隶论》、《诏书盖玺颁行论》、《天朝田亩制度》、《天理要论》、《天情道理书》、《御

道光二十三年（1843年）家刻本

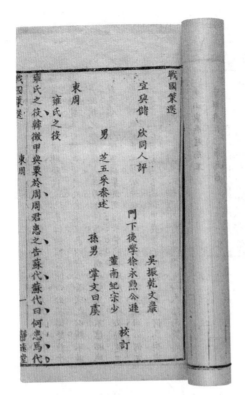

清嘉庆十八年（1813年）静远堂刻本

制千字诏》、《行军总要》、《天父诗》、《钦定制度则例集编》、《武略书》、《醒世文》、《王长次兄亲目亲耳共证福音书》等等。这些书当时广为印发，但是等太平天国失败，这些书则大部分被清政府焚毁，至今往往只能从国外图书馆中找寻踪迹。

在最初的战争时期，

太平天国把传统的《四书》、《五经》列为"妖书"，严禁传阅。这样做是为了反对儒家君君臣臣、父父子子的观念，而一旦新的政权建立起来，统治者又希望民众尊崇三纲，服膺自己的统治，于是又允许这些经书的阅读，还在太平天国癸好三年正式版印了修改后的《四书》、《五经》。

五、清朝刻书特点

我国古代的雕版印刷，版式到了宋代已经基本定型，清代是集大成的时代，但也并无根本性的变化。清代初期刻本的字体仍然延续明代末期的风格，字形长方，直粗横细。到了康熙之后，两种字体开始兴起，一种是软体字，也称写体，写刻上版多出于名家手笔，字体优美，如同抄本，

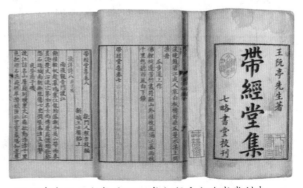

清康熙五十年（1771年）程氏七略书堂刻本

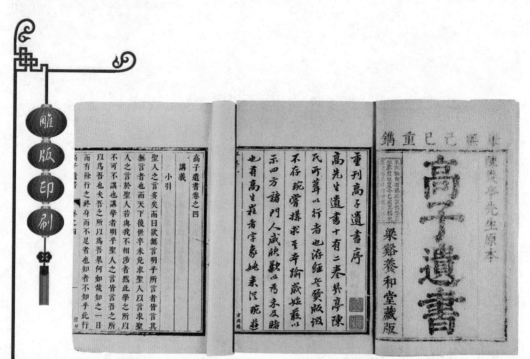

清康熙四年（1665年）高氏家精刻本

刻印俱佳。另一种是硬体字，也称为仿宋字，与明代刻书的仿宋字不同的是，这种字体横轻直重，撇长而尖，捺拙而肥，右折横笔粗肥。道光之后，刻书的字体开始变得呆板，称为匠体字。清代的书籍基本采用线装，宫廷刻书有时还采用经折装、蝴蝶装和包背装。清代刻本的版式一般采用左右双栏，也有四周双栏或单栏的，大部分为白口，也有少数黑口，字行排列比较整齐。私坊刻书版框大小不尽一致，多小型版

本，不仅便于销售和携带，而且成本和价格都较低廉。宫廷刻印的殿版书籍装帧设计庄重典雅，初期多以绸、绫等丝制品做书衣和函套，以楠木、檀香木等高贵

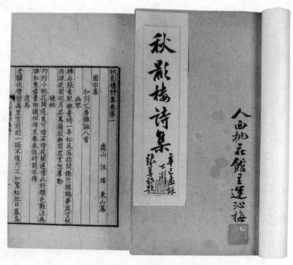

铁琴铜剑楼重刊本

158

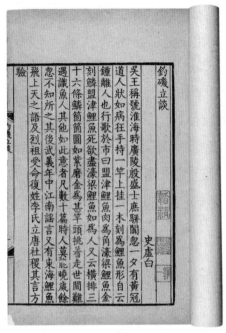

清康熙年间曹寅刻本

木材制书匣，以保护书籍不受损坏。

清朝的刻书内容丰富多彩，从经、史、子、集四部到日常小说、戏曲再到生活百科，应有尽有。书籍编撰的类型也不断创新，尤其到了清后期，无论官刻、私刻、坊刻各个刻书系统都在编印卷帙繁简不等、内容多样的丛书、类书。这对于发展传统学术研究，保存古代文化遗产都起了非常重要的作用。在清初，刻书还不注重避讳，随

着统治的日益强化，自清圣祖玄烨开始，避讳逐渐严格。清代前期由于大兴"文字狱"，特别是经过《明史案》后，刻书工人不敢在书上刻记姓名，嘉、道以后这种情况逐渐有所改变。

清代的刻书地区非常普遍，超过前代。初期以南京、苏州、杭州刻书较多，福建刻书也多，但由于麻沙书坊遭到大火，使百年书店全遭烧毁，从此建本日趋衰落下去。北京作为清代的政治经济文化中心，官方刻书活动都在这里进行，在政府的刻书风气的影响下，私人和坊间刻书事业也非常繁荣发达。几个传统的刻书中心以外，全国各地刻书地区的分布也更加广泛，湖南、湖北、

清雍正五年（1727年）蒋氏山带阁刻本

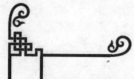

江西、山东、山西、河北、广东、福建等省的印刷事业，都有不同程度的发展，但比较而言，仍以苏州、杭州、南京、北京最为突出。

印刷技术发展到清代已达到了炉火纯青的境界，在雕版基础上发展起来的套版印刷，由于皇室的积极采用，对制版、镌刻、刷印各个工艺环节都有了新的提高和改进，并影响了私家和坊间竞相印刷套版书籍。尤其是政府、民间广泛兴起应用活字印书，促进了印刷术更全面的发展。直到清代后期，随着西学东渐，西方新型的印刷技术也传入中国，新的技术经过与本土技术的撞击和融会，传统的中国手工印刷技术终于被更先进的新技术所取代。

附录：国家珍贵古籍图录

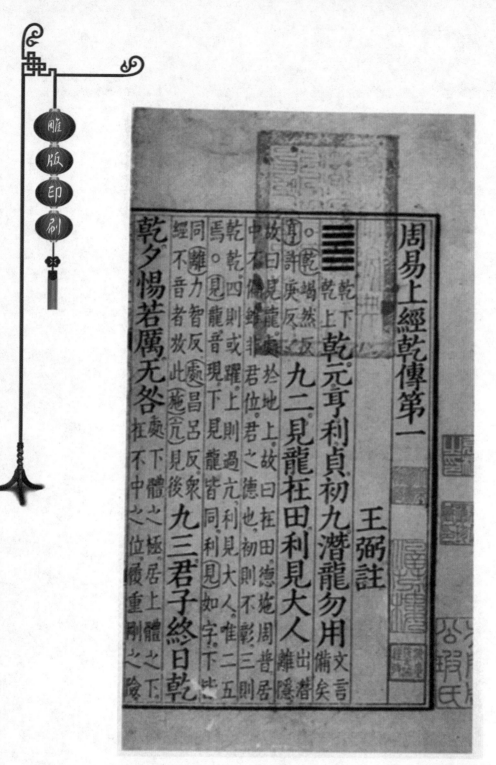

周易九卷 （魏）王弼（晋）韩康伯注 （唐）陆德明译 元相台岳氏荆溪家塾刻本

现藏中国国家图书馆

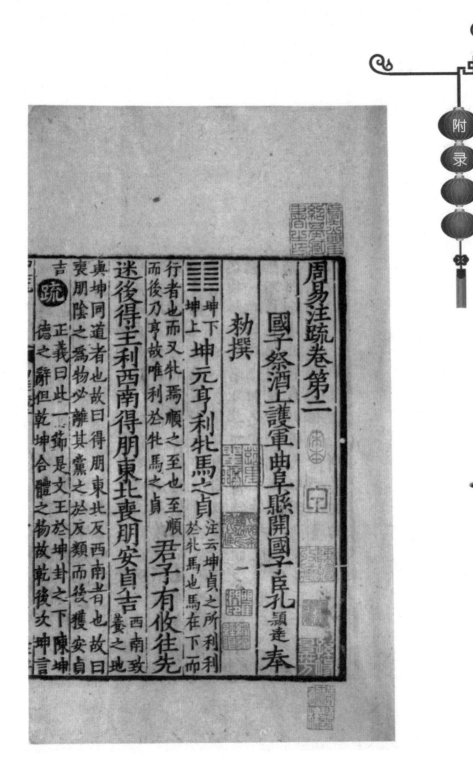

周易注疏十三卷（魏）王弼注 （晋）韩康伯注 （唐）孔颖达疏 南宋初两浙东路

茶盐司刻 高 21.5 厘米 宽 16.3 厘米 现藏中国国家图书馆

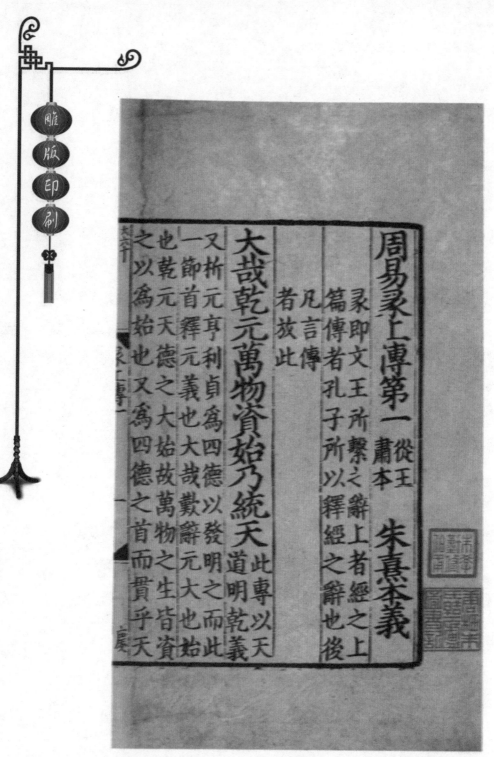

周易彖上傳第一 従王肅本 朱熹本義

彖即文王所繫之辭上者經之上篇傳者孔子所以釋經之辭也後凡言傳者放此

大哉乾元萬物資始乃統天 此專以天道明乾義

又析元亨利貞爲四德以發明之而此一節首釋元義也大哉歎辭元大也始也乾元天德之大始故萬物之生皆資之以爲始也又爲四德之首而貫乎天

周易本义十二卷易图一卷五赞一卷筮仪一卷？（宋）朱熹撰 宋咸淳元年（1265 年）吴革建宁府刻本 高 24.5 厘米 宽 16.6 厘米 现藏中国国家图书馆

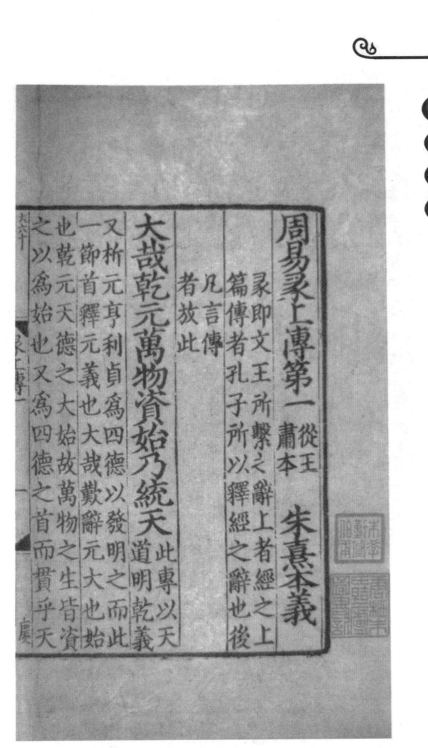

周易彖上傳第一　從王肅本　朱熹本義

彖即文王所繫之辭上者經之上
篇傳者孔子所以釋經之辭也後

凡言傳
者放此

大哉乾元萬物資始乃統天道明乾義
此專以天

又析元亨利貞爲四德以發明之而此
一節首釋元義也大哉歎辭元大也始
也乾元天德之大始故萬物之生皆資
之以爲始也又爲四德之首而貫乎天

六十九

彖上傳一

周易本义十二卷易图一卷五赞一卷筮仪一卷？（宋）朱熹撰 宋咸淳元年（1265 年）
吴革建宁府刻本 高 24.5 厘米 宽 16.6 厘米 现藏中国国家图书馆

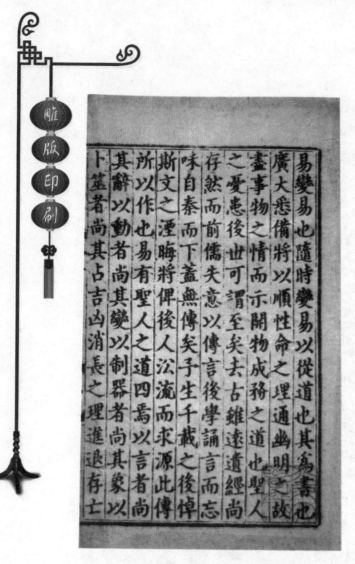

程朱二先生周易传义十卷首一卷（宋）朱熹撰元延祐元年（1314年）翠严精舍刻本 高20.3厘米 宽13厘米 现在北京大学图书馆收藏（存九卷）

图片授权

东方 IC 网　中华图片库

北京图为媒网络科技有限公司

北京全景视觉网络科技有限公司

林静文化摄影部